I0051974

NOTICE STATISTIQUE

SUR

L'ASILE DES ALIÉNÉS

DE LA SEINE-INFÉRIEURE

(Maison de Saint-Yon de Rouen),

Pour la période comprise
entre le 11 Juillet 1825 et le 31 Décembre 1843,

PAR

MM. L. DEBOUTTEVILLE ET M. PARCHAPPE,

Directeur et Médecin en chef de cet Établissement.

Rouen,

IMPRIMÉ CHEZ ALFRED PÉRON,

RUE DE LA VICOMTÉ, 55.

1845

A MONSIEUR

LE BARON DUPONT-DELPORTE,

PRÉFET DE LA SEINE-INFÉRIEURE,

PAIR DE FRANCE, CONSEILLER D'ÉTAT,

COMMANDEUR DE L'ORDRE ROYAL

DE LA LÉGION D'HONNEUR,

Hommage respectueux

DES AUTEURS.

INTRODUCTION.

Les notices statistiques sur les Asiles d'aliénés ne doivent pas avoir pour destination unique de justifier, aux yeux des autorités dont ces établissemens relèvent, le salutaire et économique emploi des ressources mises à la disposition du Médecin et du Directeur, pour la guérison ou le soulagement des malades et pour l'administration de la maison hospitalière. En rédigeant ces notices, leurs auteurs doivent se considérer comme comptables aussi envers la science. Les notices statistiques peuvent puissamment servir la science et l'humanité, en excitant, de province à province et même de nation à nation, une noble émulation pour le perfectionnement des institutions et des méthodes. Et c'est à elles qu'il appartient de fournir à l'histoire générale de l'aliénation mentale, un de ses élémens les plus importans, la solution de toutes les questions qui peuvent être empiriquement tranchées à l'aide de la méthode numérique.

Pour répondre aux besoins de la science et à l'attente des hommes éclairés, une notice ne doit pas seulement contenir l'exposé fidèle et consciencieux des faits accomplis dans l'établissement auquel elle se rapporte; il faut encore que les faits recueillis soient mis, autant que possible, en harmonie avec la plus haute expression de la science actuelle; il faut surtout que ces faits soient rigoureusement déterminés. Les faits qu'expriment les chiffres sur lesquels le statisticien opère, n'ont de valeur qu'à la condition de représenter des idées exactement définies.

Il serait sans doute fort désirable que des dénominations semblables et des classifications uniformes fussent adoptées par les auteurs des notices, et qu'ils eussent recours, dans la discussion des faits, à une méthode identique. Mais, heureusement pour la science, un tel concert de vues, que la diffusion des lumières et l'ascendant, à la longue irrésistible, des vrais principes pourront amener un jour, n'est pas indispensable à la découverte, ni même à la démonstration de la vérité. La vérité est une; elle est constamment contenue dans les faits. Si les faits sont exactement observés et fidèlement reproduits sous des appellations clairement définies, la vérité se fait jour au travers de toutes les variétés de classification et de dénomination.

Le Directeur et le Médecin de l'Asile des aliénés de la Seine-Inférieure, constamment unis dans un harmonieux accord de vues pour le perfectionnement de l'institution confiée à leurs soins, se sont associés pour rédiger, chacun en ce qui le concerne plus particulièrement, l'histoire de cet établissement, depuis sa fondation jusqu'à ce jour. Ils ont fondu dans un ouvrage commun les résultats de leurs recherches propres et la substance de leurs précédentes publications[1]. En réunissant dans une même notice les

[1] *Notice statistique sur l'Asile départemental des aliénés* (1825 à 1834), par L. Deboutteville. — *Rapports annuels sur le service médical de l'Asile de la Seine-Inférieure*, 1835, 1836, 1837, 1838, 1839, 1840, 1841, 1842, par M. Parchappe.

documens administratifs aux documens médicaux, ils croient avoir donné un exemple qui mérite d'être suivi. Ils espèrent que leurs confrères nationaux et étrangers voudront bien leur faire parvenir, en échange de cette notice, les documens qui auraient été ou qui seraient à l'avenir publiés sur les établissemens par eux dirigés. De telles communications, tout en resserrant les liens de la confraternité, ne peuvent que profiter à la science et à l'humanité.

NOTICE STATISTIQUE

SUR

L'ASILE DES ALIÉNÉS

DE LA SEINE-INFÉRIEURE.

CHAPITRE PREMIER.

Documens historiques sur la Maison de Saint-Yon.

§ 1. *Saint-Yon avant la création de l'Asile des Aliénés.*

L'emplacement occupé par l'Asile des aliénés de la Seine-Inférieure s'appelait autrefois *le Manoir de Haute-Ville*, et, pendant plus de deux cents ans, il a passé, sous cette dénomination, entre les mains de plusieurs seigneurs de considération, avant d'appartenir à M. de Saint-Yon, qui le posséda jusqu'en 1615. Une petite chapelle, qu'il y fit bâtir en l'honneur de son patron, lui valut le nom sous lequel il continua à être connu.

En 1670, la chapelle de Saint-Yon fut achetée par madame de Bois-Dauphin, et mise à la disposition des religieuses du monastère de Saint-Amand, à Rouen.

M. de La Salle, chanoine de Reims, qui avait, en 1680, jeté les fondemens de l'institut des Frères des écoles chrétiennes, avait, en 1705, envoyé à Rouen, pour y tenir les écoles de charité, deux de ses Frères. Bientôt après, sur demandes successives des administrateurs du Bureau de l'hôpital, qui étaient chargés de ces écoles, d'autres Frères, jusqu'au nombre de dix à douze, vinrent seconder les premiers.

Cependant, l'institut, en se développant, dut prendre une forme plus régulière ; on sentait le besoin d'un noviciat. La maison de Saint-Yon parut propre à le recevoir. On la prit d'abord à loyer, puis, avec l'assistance de personnes éminentes de la ville de Rouen, elle fut achetée, le 8 mars 1720, des héritiers de madame de Louvois.

Enfin, les Frères des Écoles chrétiennes recevant une existence légale, obtinrent, au mois de septembre 1724, des lettres patentes portant autorisation et confirmation de la maison de Saint-Yon, non-seulement pour y former les instituteurs qu'ils devaient envoyer dans différentes villes du royaume, mais encore pour y tenir « les écoles de « charité, où ils enseigneront les principes de la foi aux « pauvres enfants qui leur seront envoyés de la ville, « faubourgs et banlieue de Rouen, et montreront aussi à « lire, à écrire et l'arithmétique gratuitement ; leur per- « mettons (ajoutent les lettres patentes) de recevoir des « pensionnaires de bonne volonté, qui leur seront présentés, « les sujets qui leur seront envoyés de notre part, et par « ordre de notre cour de parlement de Rouen, *pour mettre « à la correction.* »

Devenus propriétaires stables, les Frères ajoutèrent beaucoup à l'importance de la maison par les bâtimens qu'ils y élevèrent. En 1728, l'église actuelle fut fondée, et la construction, entièrement dirigée et exécutée par les religieux, en fut terminée dans le cours de l'année 1750.

Vers la fin du siècle dernier, la maison de Saint-Yon, constituée comme il vient d'être dit, renfermait une centaine de religieux, dont trente ou quarante novices, et un grand nombre de vieillards de l'ordre ; mais, en outre, elle réunissait dans son enceinte des pensionnaires de classes bien différentes. C'étaient, d'abord, des élèves libres et volontaires, qui venaient y chercher l'instruction et l'éducation chrétienne ; puis des jeunes gens dissipés et indociles, que les Frères étaient chargés de corriger et de ramener à la vertu, et des personnes renfermées par lettres de cachet ou par arrêt du Parlement.— Les aliénés et les épileptiques recevaient aussi des soins dans une partie de l'établissement, qui, plus tard, devait être consacré en entier au traitement de ces malades. — Les fondations du bâtiment qu'ils occupaient ont été rencontrées lors des fouilles exécutées pour la construction de la cour Saint-Luc.

Dans une maison, rue Saint-Julien, attenant à l'établissement, et n'en faisant plus actuellement partie, étaient placées les écoles gratuites.

La loi du 18 août 1792, qui supprima les institutions monastiques, déposséda les Frères des écoles chrétiennes, et mit à la disposition du département leur maison de Saint-Yon.

Pendant le cours de la révolution, elle fut successivement destinée à servir de prison révolutionnaire, d'arsenal, de maison de détention pour les prisonniers espagnols.

Profitant de la présence de Bonaparte à Rouen, le Conseil municipal, par délibération du 12 brumaire an XI, arrêta : 1° « que le Premier Consul serait sollicité d'ordonner la construction d'une place (elle devait porter le nom de place Bonaparte), et l'établissement d'un jardin public sur l'emplacement de l'ancienne abbaye de Saint-Ouen.

2° « Que la maison de Saint-Yon (servant alors de quartier provisoire à un escadron de cavalerie), et ses dépendances, seront, dès à présent, affectées à l'établissement d'un dépôt de mendicité et d'un atelier d'instruction pour la filature et la tissure, dans lequel seront reçus gratuitement tous les enfants des pauvres ;

3° « Que l'abbaye de Bonne-Nouvelle, où est un quartier de

cavalerie, sera convertie et disposée de manière à recevoir deux escadrons.

« A la charge, par la commune, de faire les constructions et réparations que peuvent occasionner les établissements ci-dessus, et d'acquitter toutes les dépenses qui en seront la suite. »

La réponse ne se fit point attendre, et, dès le lendemain, un arrêté du Premier Consul, daté de Rouen, le 13 brumaire an XI, mit à la disposition de la ville de Rouen les bâtimens de l'abbaye de Saint-Ouen et ses dépendances, aux conditions contenues dans la délibération de la municipalité.

Toutefois, ces demandes, formulées avec tant d'empressement, accordées avec tant de promptitude, ne paraissent avoir eu aucune suite, au moins immédiate

Pour ce qui est de Saint-Yon, il ne reçut la nouvelle destination à laquelle il était promis, qu'après les décrets impériaux des 5 juillet et 29 décembre 1808, portant institution des dépôts de mendicité, et lorsque le décret de création du dépôt de Rouen, en date du 5 novembre 1810, eut fait des fonds d'appropriation et de premier établissement, jusqu'à la concurrence de 465,200 francs. — Les mendians y furent admis le 1er décembre 1812. — Mais bientôt il devint nécessaire de les renvoyer momentanément, pour convertir les bâtimens en Hôpital militaire, une première fois en 1814, une seconde pendant les Cent-Jours.

Depuis 1818, la stabilité du Dépôt de mendicité cessa d'être troublée, jusqu'au mois de janvier 1821, qu'il fut définitivement supprimé, pour être remplacé par l'Asile des aliénés.

§ 2 *Création de l'Asile des Aliénés.*

A l'époque où la fondation d'une maison consacrée au traitement des maladies mentales fut arrêtée par les autorités qui administraient le département de la Seine-Inférieure, il existait en France un bien petit nombre d'établissemens spécialement destinés aux aliénés Le rapport présenté au Roi par le Ministre de l'intérieur, en novembre 1818, ne fait mention que de huit hospices de ce genre, renfermant douze cent vingt-deux aliénés.

Dans le département de la Seine-Inférieure, ces infortunés étaient reçus, ou dans les hospices généraux, ou dans les maisons de détention ; mais on ne s'occupait guère, en général, de leur administrer les soins réclamés par leur état. La plupart restaient au sein de leurs familles, et étaient également privés d'un traitement approprié ; les plus riches seulement, transportés loin de leurs parens, pouvaient trouver des secours souvent tardifs, parce qu'il fallait les aller chercher dans les établissemens de la capitale.

Cependant, la voix de plusieurs personnes généreuses autant qu'éclairées avait réclamé, en faveur des aliénés, des secours que rencontrent partout des malades bien moins à plaindre. Pinel et Esquirol s'étaient spécialement distingués par leurs nobles efforts pour l'amélioration du sort des aliénés; leur parole avait fini par acquérir l'autorité que donne la science jointe à la philantropie.

M. le baron Malouet, préfet de la Seine-Inférieure en 1819, frappé des avantages qu'offrirait un établissement dans lequel seraient réunies les dispositions les plus favorables pour recevoir les malades atteints d'aliénation mentale, méditait sur les moyens d'en réaliser la création, lorsque, une occasion favorable de pourvoir aux dépenses considérables qu'elle devait exiger s'étant présentée, il s'empressa de la saisir.

Le ministre de la guerre s'était chargé, à partir du 1er décembre 1815, du paiement des frais de nourriture et d'entretien des troupes alliées stationnées en France. Néanmoins, le département de la Seine-Inférieure, comme il arriva presque partout ailleurs, se trouva dans la nécessité de fournir à la subsistance de ces troupes jusqu'à la fin de l'évacuation. On établit ensuite la liquidation des dépenses, et il fut constaté que le ministère de la guerre se trouvait redevable, pour prix des fournitures faites, d'une somme de 547,800 fr. Cette somme fut remboursée en numéraire, dans le courant du mois de mai 1819, et ce fut elle que M. Malouet proposa au Conseil général, dans la session de cette même année, d'affecter à la création d'une maison d'aliénés.

Le Conseil général accueillit très favorablement cette proposition, et prit en conséquence une délibération, dans laquelle il exprimait le vœu de la conversion en rentes sur l'état d'un capital de 350,000 fr., pour faire un commencement de dotation à l'établissement des aliénés. Les 197,000 fr. restés disponibles, devaient être employés aux constructions que nécessiterait cette maison

Le 12 janvier 1820, fut rendue une ordonnance du roi, statuant que la somme de 547,000 fr. dont il vient d'être parlé, sera affectée à la formation et à la dotation d'une maison pour les aliénés, dans le département de la Seine-Inférieure, conformément au vœu émis par le Conseil général.

En conséquence, le 1er février 1820, il fut fait emploi de 349,628 fr. à l'achat d'une rente de 23,780 fr., cinq pour cent consolidés, jouissance du 22 septembre 1819. Depuis cette époque, cette dotation fut accrue par l'acquisition, effectuée chaque semestre, de nouvelles rentes, soldées avec les arrérages, jusqu'à ce que le montant s'en fût élevé au taux de 29,996 fr.

Il paraît que, d'après le premier projet, l'on devait laisser subsister le Dépôt de mendicité, et placer l'établissement pour les aliénés dans une partie seulement des bâtimens de l'ancienne maison de Saint-Yon. Toutefois, ce plan fut bientôt abandonné, et la suppression du Dépôt de mendicité, votée par le Conseil général, dans sa session de 1820, fut autorisée par ordonnance du Roi du 6 décembre de la même année.

Rien ne fut négligé pour assurer au nouvel hospice tous les avantages que les connaissances acquises sur le traitement de la folie pouvaient faire espérer. Les principaux établissemens analogues de la France furent visités, les écrits des médecins et des administrateurs les plus versés dans cette spécialité, furent consultés. Enfin, l'administration invita MM. Desportes et Esquirol à se transporter à Rouen, pour prendre connaissance des localités, et éclairer de leurs lumières l'architecte chargé de diriger les constructions.

Les plans, dressés et rectifiés d'après leurs observations, furent définitivement arrêtés et approuvés par le ministre; et, dans le cours de l'année 1821, l'on put procéder à l'adjudication des travaux de premier établissement de l'Asile.

Le zèle de M. le baron de Vanssay, pour le projet conçu par son prédécesseur, et la munificence du Conseil général du département, hâtèrent l'avancement des constructions nouvelles et la réparation des anciens bâtimens, qui furent, autant que possible, appropriés à leur destination.

Le mobilier de l'ancien Dépôt de mendicité fut affecté à l'Asile, et accru par une première adjudication, passée le 3 décembre 1824.

Enfin, les travaux de premier établissement se trouvant assez avancés, M. le Préfet fixa au 11 juillet 1825 l'ouverture de l'établissement : 57 aliénés furent évacués, dans cette journée, sur l'Asile.

§ 3. *Dispositions générales de l'Asile; ses agrandissemens successifs.*

L'emplacement de la maison de Saint-Yon est situé à l'extrémité d'un quartier peu peuplé, dans un terrain sec et sablonneux dont la contenance primitive était de 70,400 mètres carrés, soit 7 hectares 4 ares. Par des acquisitions faites en 1829 et 1842 de deux terrains contigus, qui ont été réunis à l'enceinte de l'établissement en 1841 et 1842, la superficie totale de la maison de Saint-Yon a été portée à 83,362 mètres carrés, ou environ 8 hectares 33 ares. Bien aéré et suffisamment vaste, l'Asile offre toutes les conditions de la salubrité. On doit seulement regretter que la conservation des anciens bâtimens ait contraint à une répartition très inégale du terrain autour des constructions.

Dans l'origine, l'Asile fut créé pour une population présumée de 400 à 450 aliénés des deux sexes. Les bâtimens anciens, disposés pour la plupart à l'entour de deux cours contigues, furent destinés aux bureaux, aux parloirs, magasins et habitations des employés principaux, puis à de vastes dortoirs pour les aliénés paisibles, à la cuisine et à la buanderie. On construisit, à gauche de ces bâtimens centraux, deux cours pour les hommes aliénés qui, à raison de leur état habituel d'agitation, ou pour des causes particulières, doivent être logés isolément dans des cellules. Trois cours analogues, placées à droite des bâtimens du centre, furent destinées aux femmes; deux étaient achevées lors de l'ouverture de la maison; la troisième, fondée seulement, ne fut terminée qu'en 1827.

Sur la limite des deux divisions consacrées à chacun des sexes, fut édifié le pavillon des bains, où fut installée une machine à vapeur qui élève l'eau d'un puits voisin dans un réservoir supérieur, d'où elle est distribuée dans plusieurs parties de l'établissement.

Ces divers travaux, terminés en 1830, complétaient le plan primitif de la maison.

De 1831 à 1834, il ne se fit d'autre travail important que l'installation d'une double infirmerie destinée au traitement des maladies accidentelles chez les aliénés de deux sexes.

De 1835 à 1844, pour satisfaire aux exigences d'accroissement d'habitation, résultant de l'augmentation graduelle de la population, de nombreuses et importantes constructions ont été exécutées ; et, en même temps que l'établissement est devenu apte à recevoir un plus grand nombre d'habitans, les conditions d'habitation et de classification pour les malades ont été améliorées.

Du côté des hommes, le quartier des gâteux a été agrandi et disposé de manière à ce qu'une cour spéciale, avec galerie couverte, fût consacrée à ces malheureux, dont la présence, au milieu des autres malades, avait de graves inconvéniens.

Des latrines insalubres ont été déplacées et modifiées avantageusement.

Un quartier a été créé pour les hommes pensionnaires de première et de deuxième classe, et le local abandonné par ces malades a été affecté aux pensionnaires de troisième classe, ainsi qu'une portion de l'ancien logement du directeur, de telle sorte que les conditions d'habitation, pour ces trois classes de pensionnaires, sont ainsi devenues on ne peut plus satisfaisantes.

Les loges de force, qui, par leur disposition, rappelaient les cachots autrefois destinés aux fous, ont été supprimées, et remplacées par un quartier nouveau. Ce quartier, constitué par cinq cellules chauffées au moyen d'un calorifère, et placées entre un corridor intérieur dans lequel s'ouvrent les portes, et une galerie couverte, extérieure, qui communique avec une cour plantée d'arbres, est exclusivement destiné aux malades dont l'agitation excessive ou les mauvais penchans exigent une séquestration plus étroite.

Un nouveau dortoir pour 40 malades a été installé dans une portion des anciens bâtimens jusque-là inoccupée.

Deux réfectoires-chauffoirs ont été agrandis.

L'agrandissement des deux cours, destinées aux hommes agités, a été exécuté, et le plan en a été modifié de manière à assimiler ces cours à celle qui avait été construite en dernier lieu du côté des femmes, avec le double avantage d'augmenter le nombre des places, et de mieux proportionner, à la quantité des malades, l'étendue de la salle commune qui sert de réfectoire, de chauffoir et d'atelier de travail.

Dans l'état actuel des cours, l'enceinte de bâtimens qui constitue chacune d'elles, a 49 mètres de longueur sur 29 mètres 25 centimètres de largeur. Trois des côtés du quadrilatère sont occupés pour le logement des gardiens et la salle commune, placés de côté et d'autre de la porte d'entrée, et par les cellules des malades au nombre de 32. Le quatrième côté est fermé d'une grille en fonte donnant vue sur les jardins. Une galerie couverte, de 2 mètres de largeur, règne au pourtour d'un parterre gazonné et planté d'arbres. On accède aux cellules par un corridor de 2 mètres sur lequel ouvrent les portes d'entrée. Chacune de ces cellules, large de 2 mètres 50 cen., profonde de 3 mètres 2 cent., et haute de 3 mètres 45 cent., contient 26 mètres cubes d'air. Toutes sont planchéiées, à l'exception de 11, qui, étant destinées aux malades gâteux, sont pavées en bitume ou en pierre.

Du côté des femmes, les deux premières cours construites ont également été agrandies et ramenées à ce même plan.

Le quartier des pensionnaires de première et de deuxième

classe a été doublé en étendue, et perfectionné. Les magasins qui le réunissaient à la buanderie ont été transportés aux deux extrémités de celle-ci, de sorte que ce quartier est aujourd'hui entièrement isolé.

Un vaste dortoir abandonné par les hommes qui ont trouvé place dans les nouvelles pièces des bâtimens centraux, a reçu une partie des aliénées paisibles.

Un quartier de pensionnaires de troisième classe, a été créé dans deux pièces dépendantes de l'ancien logement du directeur.

Un vaste réfectoire servant de chauffoir en hiver, et un second atelier de travail pour les femmes, ont été établis avec grand avantage pour cette partie de la population de l'Asile.

Sur la limite des deux grandes divisions de l'établissement en côté des hommes et côté des femmes, la séparation a été rendue plus réelle et plus complète au moyen d'une seconde clôture à claire-voie. Les deux quartiers se trouvent ainsi séparés par deux clôtures comprenant, dans leur intervalle, un jardin où les malades ne sont pas admis, et qui a toute la largeur de la façade de l'établissement des bains.

Aux deux extrémités opposées du bâtiment des bains, deux loges de force, malsaines, ont été supprimées et remplacées par deux vestiaires chauffés, où les malades déposent et reprennent leurs vêtemens à l'entrée et à la sortie du bain.

Les plantations, faites en premier lieu dans les cours, promenoirs et jardins, ayant en général mal réussi, ont, depuis 1830, été successivement renouvelées ou complétées là où le terrain était encore nu, et, par leur belle venue, donnent à l'ensemble de l'établissement un aspect moins sévère, en même temps qu'elles procurent en été un ombrage salutaire.

CHAPITRE DEUXIÈME.

Mouvement de la Population au point de vue médical.

SECTION Ire. — ADMISSIONS.

§ 1er. *Définitions.*

Sous le nom commun d'*aliénation mentale*, la science et la législation ont réuni des maladies fort différentes dans leur nature, et qui n'ont de commun que le fait actuel d'un désordre morbide et non fébrile dans les manifestations intellectuelles et morales :

1° La *folie*, maladie accidentelle, souvent curable, qui ne commence guère à se développer chez l'homme qu'au sortir de l'adolescence, qui altère, affaiblit ou abolit son intelligence;

2° L'*imbécillité consécutive*, infirmité qui, ayant pour caractère l'affaiblissement ou l'abolition de l'intelligence, n'est réellement qu'un effet, ou de l'usure de la vie, ou d'une maladie accidentelle de l'encéphale, infirmité que l'on confond très souvent avec certaines formes ou certaines périodes de la folie, et avec l'idiotie, et qu'il est quelquefois difficile d'en distinguer sûrement;

3° L'*idiotie*, maladie ou plutôt infirmité congéniale qui remonte, pour son origine, aux premiers temps de la vie, et par suite de laquelle l'intelligence ne s'est qu'imparfaitement développée chez l'homme.

Chacune de ces classes de maladies peut être et a été fort variablement subdivisée en genres et espèces. Il suffit, pour les besoins de la statistique en général, et de l'intelligence de cet ouvrage en particulier, que les subdivisions adoptées dans chaque classe soient clairement définies et brièvement motivées.

En raison de la simplicité ou de la multiplicité des élémens qui constituent l'état morbide, la folie est simple ou compliquée. En raison de la marche de la maladie et de la période où elle est arrivée, la folie est aiguë ou chronique.

La folie simple aiguë peut convenablement se subdiviser, d'après le caractère dominant du trouble de l'âme qui l'accompagne, en *maniaque* et *mélancolique* Ces deux formes de la folie ont été consacrées par l'observation des maîtres de l'art dès la plus haute antiquité.

La folie simple chronique, qui se caractérise surtout par l'affaiblissement de l'intelligence, correspond à la forme ou période de cette maladie qui est habituellement désignée sous le nom de *démence*.

La folie peut se compliquer de plusieurs élémens morbides, et se combiner avec plusieurs maladies distinctes.

Les complications de la folie se réduisent habituellement, et se sont réduites exclusivement chez les malades admis à l'Asile de la Seine-Inférieure, aux suivantes:

Folie convulsive, dans laquelle le désordre intellectuel

est accompagné de tremblement musculaire, *delirium tremens* des auteurs ;

Folie paralytique, dans laquelle le désordre intellectuel est associé à la diminution de la force motrice, à la paralysie générale incomplète ;

Folie épileptique, dans laquelle le désordre intellectuel est lié à des accès plus ou moins fréquents d'épilepsie.

L'imbécillité a été distinguée, d'après le caractère différentiel le plus saillant, en *sénile* et *paralytique*. La dernière qualification exprime le fait de la coïncidence d'une paralysie partielle, effet immédiat de la lésion cérébrale qui a déterminé simultanément ou consécutivement l'affaiblissement des facultés intellectuelles.

§ 2. *Nombre des admissions.*

Le nombre total des admissions depuis le jour de l'ouverture de l'Asile, le 11 juillet 1825, jusqu'au 31 décembre 1843, pendant une période de 18 ans et 6 mois, s'est élevé à 3,005 malades des deux sexes : 1,536 hommes, 1,469 femmes.

Ces faits d'admission se décomposent en trois catégories appartenant à trois périodes successives.

1° Des malades, pour la plupart depuis long-temps incurables, ont été transférés, pendant les années 1825 et 1826, des hospices et des prisons du département où ils résidaient, à l'Asile où leur introduction en masse a été un fait exceptionnel. Le chiffre des admissions du 11 juillet 1825 au 31 décembre 1826, 363 malades : 145 hommes, 191 femmes, représente à peu près exactement, le nombre des aliénés transférés. L'état d'incurabilité et le défaut de renseignemens interdisent toute assimilation des malades de cette catégorie avec les aliénés ultérieurement admis.

2° Pour les malades admis du 1er janvier 1827 au 31 décembre 1834, dont le nombre a été de 956 : 504 hommes, 452 femmes, et qui forment une seconde catégorie, les documens recueillis sont incomplets et insuffisans, soit en raison du défaut de définition et de classement des faits, soit en raison de l'omission de plusieurs élémens importans.

3° Enfin, une troisième catégorie comprend les admissions de malades depuis le 1er janvier 1835 jusqu'au 31 décembre 1843, au nombre de 1,713 : 887 hommes, 826 femmes. Ce sont les faits qui, scrupuleusement étudiés d'après une méthode rigoureuse, ont été principalement utilisés dans cette notice pour la solution des questions relatives à l'aliénation mentale que la statistique est apte à résoudre.

§ 3. *Proportion relative des diverses formes de l'aliénation mentale chez les malades admis.*

L'aliénation mentale sous l'une ou l'autre de ses formes, folie, imbécillité, idiotie, a été constamment, pendant les périodes de 1835 à 1843 la condition exclusive de l'admission et de la conservation des malades à l'Asile. Les épileptiques, hors le cas de complication évidente avec la folie, ont été habituellement éloignés ou exclus de l'Asile. Les malades admis pendant cette période, peuvent donc être absolument distribués en trois catégories, et sont des fous, des imbéciles et des idiots, dans le sens rigoureux des définitions données.

1° La proportion relative de ces divers élémens de la population de l'Asile a été fort inégale, ce qui tient à ce que la dénomination d'imbéciles a été exclusivement réservée pour les malades chez lesquels l'affaiblissement de l'intelligence était évidemment le résultat d'une influence morbide autre que la folie, et à ce que l'idiotie est une maladie rare dans le département de la Seine-Inférieure.

Le nombre des admissions, pendant la période de 1835 à 1843, s'est réparti entre ces trois catégories de malades, ainsi qu'il suit :

	hommes.	femmes.	deux sexes.
Folie simple ou compliquée...	850	802	1652
Imbécillité.	7	6	13
Idiotie.	30	18	48
	887	826	1713

La folie a donc constitué l'état morbide pour l'immense majorité des malades admis. Et c'est ainsi que l'Asile de la Seine-Inférieure a conservé, au point de vue de la nature de sa population, le caractère qui lui avait été essentiellement assigné lors de sa fondation, et qui convient généralement aux institutions de ce genre. En effet, c'est à la folie que la société doit surtout des maisons spéciales de traitement et de refuge; c'est sur les fous que se porte presque exclusivement l'intérêt humanitaire et scientifique qui se rattache aux Asiles d'aliénés.

2° Le nombre des cas de folie, considéré par rapport aux diverses formes de cette maladie, a fourni les proportions suivantes:

	homm.	femm.	d. sexes.	homm.	femm.	d. sexes.
	sur 850	802	1652		sur 1000	
Folie simple.	663	749	1412	780	933	855
Folie compliquée . . .	187	53	240	220	67	145
Folie simple aiguë. . .	526	592	1118	619	738	677
Folie simple chronique.	137	157	294	161	195	178
Folie maniaque	351	353	704	413	440	426
mélancolique. . .	175	239	414	206	298	250
chronique	137	157	294	161	195	178
convulsive.	17	3	20	20	4	12
paralytique. . . .	117	35	152	138	43	92
épileptique . . .	53	15	68	62	20	42

§ 4. *Nombre annuel des Admissions.*

Le nombre total des admissions s'est inégalement réparti entre chacune des années de la période de dix-huit ans et demi, et, si l'on veut arriver à une détermination approximative du nombre annuel des admissions, il faut distinguer dans cette période trois époques.

Les admissions exceptionnelles de la première époque, de 1825 à 1826, doivent être laissées de côté.

Les dix-sept autres années se rapportent à deux époques bien distinctes, pendant lesquelles le nombre des admissions a été subordonné à des conditions différentes : l'époque antérieure à la mise à exécution de la loi sur les aliénés du 30 juin 1838, pendant laquelle les placements d'office étaient peu nombreux ; l'époque postérieure, pendant laquelle ces placements sont devenus, au contraire, très considérables.

Période antérieure à la mise à exécution de la loi.

Nombre des admissions.

	Hommes.	Femmes.	Deux sexes.
1827	— 80	— 72	— 152.
1828	— 86	— 44	— 130.
1829	— 74	— 61	— 135.
1830	— 63	— 73	— 136.
1831	— 80	— 71	— 151.
1832	— 66	— 61	— 127.
1833	— 62	— 62	— 124.
1834	— 77	— 64	— 141.
1835	— 59	— 58	— 117.
1836	— 68	— 77	— 145.
1837	— 87	— 75	— 162.
11 années...........	802	718	1520.
moyennes.........	73	65	138.

Période postérieure à la mise à exécution de la loi.

Nombre des admissions.

	Hommes.	Femmes.	Deux sexes.
1838	— 98	— 106	— 204.
1839	— 109	— 77	— 186.
1840	— 103	— 108	— 211.
1841	— 113	— 104	— 217.
1842	— 119	— 118	— 237.
1843	— 131	— 103	— 234.
6 années. . . .	673	— 616	— 1289.
moyennes . . .	112	— 103	— 215.

§ 5. *Récidives.*

Les observations sur les récidives ne comprennent que huit années, et il n'a été fait distinction des formes de la folie que pendant les trois dernières années.

Rapport des récidives aux admissions, de 1836 *à* 1843.

Nombre des récidives.		Admissions.	
Deux sexes,	264	— 1540.	— 171 sur 1000.
Hommes,	116	— 795.	— 146.
Femmes.	148	— 745.	— 198.

Les récidives ont été plus nombreuses chez les femmes que chez les hommes.

SECTION II. — CAUSES DE L'ALIÉNATION MENTALE.

L'étude des causes de l'aliénation mentale intéresse à la fois, et au plus haut degré, le médecin, le philosophe et l'économiste. Il appartient à la statistique de fournir à cette étude ses principales données pour la solution d'un certain nombre de questions aussi importantes que curieuses. Mais la statistique, qui peut si puissamment servir la science, peut aussi l'égarer étrangement. On sait que les chiffres se laissent assez arbitrairement gouverner. Ainsi, en ce qui concerne l'étiologie de l'aliénation mentale, les questions les plus claires se sont trouvées embrouillées, les démonstrations les plus évidentes se sont trouvées contredites; tantôt, parce qu'on avait confondu, dans une même étude, des faits hétérogènes, des faits de folie, par exemple, avec des faits d'idiotie, d'imbécillité, d'épilepsie; tantôt, parce qu'on n'avait pas su distinguer les diverses natures de causes : les causes déterminantes, par exemple, et les simples prédispositions; tantôt, parce que, ayant négligé de définir les mots, on appliquait à l'aliénation mentale, qui est un genre de maladies, ce qui n'était applicable qu'à la folie, qui est une espèce.

Distinguer rigoureusement les faits et les causes, d'après leur nature, c'est la première condition de tout travail utile sur l'étiologie de l'aliénation mentale[1].

Quant aux faits observés à l'Asile de la Seine-Inférieure, la proportion des imbéciles et des idiots, dans le nombre des aliénés admis, est trop faible pour que l'étude des faits, qui se rapportent à ces deux classes de l'aliénation mentale, puisse offrir quelque intérêt. Les tableaux contiennent, sur ces classes, des documents distincts qui pourront être, au besoin, consultés. Les développements détaillés seront restreints aux faits qui se rapportent à la folie proprement dite.

A. PRÉDISPOSITIONS.

Les prédispositions, comme le sens du mot l'indique tout d'abord, ne sont pas, à proprement parler, des causes. Les prédispositions réalisent des conditions favorables à l'action des causes qui déterminent les maladies.

[1] Pour de plus amples développemens, voir les *Recherches statistiques sur les causes de l'aliénation mentale*, 1839, et les *Annales médico-psychologiques*, novembre 1843 : *De la prédominance des causes morales dans la génération de la folie*; par M. Parchappe.

Les prédispositions sont générales ou particulières. Les prédispositions particulières sont très nombreuses, très variées, très difficiles à constater, et échappent, véritablement, aux études statistiques.

Les prédispositions générales, qui se rapportent à l'âge, au sexe, aux saisons, aux climats, à l'état civil, aux professions, à la culture intellectuelle, à la constitution sociale, ne peuvent, au contraire, être étudiées dans leur influence sur la génération de la folie, qu'à l'aide de la méthode numérique.

§ 1er. *Age.*

Il suffit de jeter un coup d'œil sur le tableau N° 1, pour reconnaître que c'est l'âge compris entre 30 et 39 ans qui a fourni le plus grand nombre d'admissions d'aliénés.

Si l'on examine séparément les faits de folie, on est conduit à admettre que certaines époques de la vie peuvent être considérées comme prédisposant plus que les autres époques à la folie en général, et à certaines formes de la folie en particulier.

Les admissions de folie se sont réparties entre certaines périodes d'âge de la manière suivante :

	Hommes.	Femmes.	Deux Sexes.	D. sexes. sur 1,000
Au-dessous de 10 ans.	0.	0.	0.	0.
De 10 à 19.	38.	23.	61.	37.
De 20 à 29.	163.	134.	297.	180.
De 30 à 39.	271.	222.	493.	298.
De 40 à 49.	223.	218.	441.	267.
De 50 à 59.	117.	128.	245.	148.
De 60 et au-dessus	38.	77.	115.	70.
	850.	802.	1,652.	1,000.

Le maximum des admissions tombe entre 30 et 40 ans.

Si l'on compare ces nombres à ceux qui représentent la population d'où sortent les aliénés, distinguée par périodes correspondantes, on peut arriver à un résultat plus rigoureux.

La population totale du département de la Seine-Inférieure, constatée par le recensement de 1841, s'élevait à 737,206 individus des deux sexes, qui, classés proportionnellement par âges, d'après la table N° 3 de l'*Annuaire du Bureau des longitudes*, fournissent, pour chaque période, les nombres suivants :

	D. Sexes.	Sur 1,000.
De 0 à 9 ans révolus.....	160,856	218.
De 10 à 19............	135,365	184.
De 20 à 29............	120,711	162.
De 30 à 39............	103,531	141.
De 40 à 49............	85,551	117.
De 50 à 59............	65,754	89.
De 60 et au-dessus......	65,438	89.
	737,206.	1,000.

Le rapport du nombre des admissions au nombre de la population pour chaque période d'âge, est exprimé par les proportions suivantes :

	Admissions.	
De 0 à 9 ans.	0. 0.	sur 1,000 habitans.
De 10 à 19..........	0. 4.	
De 20 à 29..........	2. 4.	
De 30 à 39..........	4. 7.	
De 40 à 49..........	5. 1.	
De 50 à 59..........	3. 7.	
De 60 et au-dessus....	1. 7.	

Ces faits établissent que la folie, rare au-dessous de 20 ans, augmente graduellement de fréquence de 20 à 45 ans, et atteint son maximum de fréquence dans la période de 40 à 49 ans, qui peut, dès-lors, être considérée comme constituant une prédisposition à la folie.

L'époque de la vie comprise entre 30 et 49 ans, prédispose d'une manière toute particulière à la folie paralytique, ainsi qu'il résulte des chiffres suivans :

Folie paralytique.	Hommes.	Femmes.	D. sexes.
Avant 30 ans.........	3.	4.	7.
De 30 à 49 ans.......	89.	22.	111.
De 50 ans et au-dessus..	25.	9.	34.
	117.	35.	152.

§ 2. *Sexe.*

L'opinion fort ancienne qui attribue au sexe féminin une plus grande part dans le nombre des victimes de la folie, semble s'être confirmée, pour les modernes, par la prédominance habituelle du nombre des femmes dans la population des Asiles d'aliénés. Si cette opinion était fondée, le sexe féminin devrait être, jusqu'à un certain point, considéré comme une prédisposition à la folie. Mais, pour juger exactement la fréquence relative de la folie dans les deux sexes, ce ne sont pas les chiffres exprimant la population actuelle des Asiles qu'il faut comparer, mais les chiffres exprimant les admissions annuelles pendant une période de temps déterminée.

La prédominance du nombre des femmes dans la population des Asiles dépend de causes particulières qui seront plus loin appréciées.

Pour le département de la Seine-Inférieure, la folie est incontestablement un peu plus fréquente chez les hommes, ainsi que forcent à le reconnaître, contrairement à l'opinion commune, les faits recueillis à Saint-Yon.

Nombre total des admissions d'aliénés de toute espèce, de 1827 à 1843.

Hommes.	Femmes.	D. sexes.		Homm.	Femm.
1,475	1,334	2,809	—	525	475 sur 1,000

Nombre des admissions de malades atteins de folie de 1835 à 1843.

Hommes.	Femmes.	D. sexes.			
850	802	1,652	—	514	486 sur 1,000

Si l'on compare le nombre des admissions au chiffre de la population du département qui, d'après le recensement de 1841, se compose de 358,337 hommes et de 379,164 femmes, on obtient des résultats qui font encore mieux ressortir l'influence du sexe masculin comme prédisposition à l'aliénation mentale, car on arrive aux proportions suivantes :

Pour les admissions d'aliénés de toute espèce pendant la période de 1827 à 1843 ;

Admissions sur 1000 habitans :

Sexe masculin 4. 11, sexe féminin 3. 51, deux sexes 3. 81.

Pour les admissions de malades atteints de folie pendant la période de 1835 à 1843 ;

Admissions sur 1,000 habitants :

Sexe masculin 2, 37 ; sexe féminin 2, 11 ; d. sexes 2, 24.

Si l'on peut légitimement refuser au sexe une valeur de quelque importance, comme prédisposition à la folie en général, il n'en est plus de même lorsqu'il s'agit de l'une des formes de la folie, celle qui est désignée sous le nom de folie paralytique. La folie paralytique est beaucoup plus fréquente chez les hommes que chez les femmes, et le sexe masculin est véritablement une prédisposition à cette forme de la folie.

Nombre des cas de folie paralytique dans les admissions de 1835 *à* 1843.

Hommes.	Femmes.	D. sexes.
117	35	152.

§ 3. *Saisons.*

La statistique a établi sur un grand nombre de faits la vérité de cette loi, que la fréquence de la folie est, pour les climats tempérés, en raison directe de la température atmosphérique. Les saisons chaudes peuvent donc être considérées comme constituant une prédisposition à la folie.

Le nombre des admissions a été beaucoup plus considérable dans les saisons chaudes que dans les saisons froides.

Pour les aliénés de toute espèce.

	Pendant les six mois les plus chauds.			Pendant les six mois les plus froids.		
	Nombre des observ.		Proport. sur 1,000.	Nombre des observ.		Proportion sur 1,000.
Hommes.......	779	—	560.......	612	—	440
Femmes.......	668	—	515.......	610	—	485
Deux sexes.....	1,447	—	542.......	1,222	—	458

Pour les malades atteints de folie, de 1835 à 1843.

Hommes.......	473	—	556.......	377	—	444
Femmes.......	432	—	539.......	370	—	461
Deux sexes	905	—	548.......	747	—	452

Si l'on ne fait porter les observations que sur les espèces de la folie dont le développement peut être considéré comme ayant été réellement influencé par la saison, en ce que l'époque de l'invasion aurait été généralement voisine de l'époque de l'admission, on obtient un résultat qui est l'expression plus exacte de l'influence réelle des saisons.

Le nombre des admissions pour la folie aiguë et paralytique, a été :

	Nombre des observ.		Proportion sur 1,000	Nombre des observ.		Proportion sur 1,000.
Hommes.......	375	—	583.........	268	—	417
Femmes.......	358	—	571.........	269	—	429
Deux sexes.....	733	—	577.........	537	—	423

Enfin, si l'on cherche à distinguer, par rapport à l'influence des saisons, les trois formes symptomatiques les plus tranchées de la folie, les formes maniaque, mélancolique et paralytique, on trouve les résultats suivans :

	Six mois plus chauds.			Six mois plus froids.		
Chez les deux sexes.	Nombre des observ.		Proportion sur 1,000.	Nombre des observ.		Proportion sur 1,000.
Folie maniaque...	412	—	585.........	292	—	415
Folie mélancolique	238	—	575.........	176	—	425
Folie paralytique..	83	—	546.........	69	—	454

§ 4. *Etat civil.*

La population générale du département de la Seine-Inférieure, constatée par le recensement de 1841, se compose comme suit :

Sexe masculin.

Garçons.	Hommes mariés.	Veufs.	Total.
199,265	143,790	15,282	358,337

Sexe féminin.

Filles.	Femmes mariées.	Veuves.	Total.
198,308	142,586	38,270	379,164

Les malades admis à l'Asile de 1825 à 1843, dont l'état civil a pu être constaté, se repartissent ainsi :

Sexe masculin.

Garçons.	Hommes mariés.	Veufs.	Total.
403	506	34	943
Proportion sur 1,000.			
427	537	36	1,000

Sexe féminin.

Filles.	Femmes mariées.	Veuves.	Total.
533	529	150	1,212
Proportion sur 1,000			
440	436	124	1,000

En rapprochant les nombres qui appartiennent à la population générale du département de ceux qui expriment les admissions à l'Asile, on obtient les résultats que voici :

Admissions sur 1.000 *habitans.*

	Célibataires.	Mariés.	Veufs.
Sexe masculin..	2,02	3.52	2.22
Sexe féminin...	2.68	3 71	3.91
Deux sexes.....	2.23	3.62	3.43

§ 5. *Hérédité.*

L'importance de la prédisposition héréditaire à l'aliénation mentale a été dès long-temps comprise. Haslam, dans son *Traité de la folie*, a réuni sur ce sujet des observations curieuses.

La part que prend l'hérédité à titre de prédisposition dans la génération de l'aliénation mentale, est difficile à déterminer rigoureusement par les faits. Il n'est possible au médecin de la constater que dans un nombre de cas certainement inférieur à la réalité. Ce qui ne tient pas seulement à l'insuffisance si commune des renseignemens obtenus, mais encore, et surtout, au silence des familles sur une circonstance fâcheuse qu'elles ont intérêt à cacher.

Dans les observations recueillies à l'Asile de la Seine-Inférieure, la prédisposition héréditaire a été admise toutes les fois qu'il a été possible de reconnaître l'existence antérieure de l'aliénation mentale chez un ou plusieurs ascendans du malade soit en ligne directe, soit en ligne collatérale.

Le rapport de la prédisposition héréditaire au nombre des admissions a été le suivant :

	Prédisposition héréditaire constatée.	Nombre des observations.	Proportion sur 1,000.
Chez les aliénés en général.			
Hommes... ...	99	692	143
Femmes........	106	678	156
Deux sexes.....	205	1370	150
Chez les fous en particulier.			
Hommes... ...	96	655	147
Femmes.......	100	654	153
Deux sexes.....	196	1319	149

§ 6. *Professions.*

Pour tirer quelque enseignement de l'étude des professions antérieures des aliénés, considérées comme cause prédisposante de la folie, il serait indispensable de connaître le nombre correspondant des personnes adonnées aux diverses professions parmi la population de la contrée qui envoie ses malades dans l'Asile dont on dresse la statistique. A défaut de renseignemens semblables pour le département de la Seine-Inférieure, on se borne à produire ici le relevé des tableaux des professions des aliénés, qui sont établis annuellement, pour être adressés au Ministre de l'Intérieur.

	Nombre des observations. Hommes.	Femmes.	D. sexes.	Proportion sur 1,000. D. sexes.
Culte, droit, médecine, belles-lettres, employés	143	10	153	79
Rentiers, propriétaires.........	47	63	110	57
Militaires, marins.............	94	»	94	48
Artistes.....................	11	»	11	6
Négocians, commerçans.......	41	»	41	21
Marchands en détail..........	85	38	123	63
Artisans.....................	382	306	688	355
Gens occupés de travaux aratoires, jardiniers.................	98	19	117	60
Gens de peine, journaliers......	122	74	196	101
Domestiques	23	81	104	54
Sans profession..............	88	214	302	156
Total général....	1,134	805	1,939	1,000

§ 7. *Habitation.*

Le département de la Seine-Inférieure a fourni à l'Asile 2,146 malades, reçus une ou plusieurs fois dans l'établissement. En comparant la population des arrondissemens au nombre d'aliénés qu'ils ont envoyé à Saint-Yon, de 1825 à 1843, on observe une inégalité très prononcée dans la fréquence de l'aliénation mentale, pour chacune des grandes divisions du département.

	Population en 1841.	Nombre des aliénés admis à St.Yon.	Aliénés sur 1,000 h.
Arrondissement de Rouen.	248,115	1,371	5.5
du Havre.	149,427	279	1.8
d'Yvetot.	142,349	201	1.4
de Dieppe.	112,374	187	1.6
de Neufchât.	85,246	108	1.2
Totaux pour le département entier.	737 501	2,146	2.9

En classant les admissions suivant le nombre des habitans des centres de population auxquels appartiennent les aliénés, on arrive à des différences encore plus grandes, et en même temps plus significatives.

	Population.		Aliénés admis à St.-Yon.		Aliénés sur 1,000 habit.	
Ville de Rouen . .	96,002	154,245	965	1,203	10.05	7.79
du Havre . .	27,254		106		3.90	
de Dieppe. .	16,443		79		4.80	
d'Elbeuf. . .	14,646		53		3.61	
Villes et communes renfermant de 3 à 10,000 h..		102,375		358		2.52
Communes renfermant moins de 3,000 hab.						
Arrond. de Rouen.	107,573	480,881	156	685	2.41	1.42
du Havre. .	78,692		85		1.08	
d'Yvetot.. .	124,208		156		1.25	
de Dieppe. .	91,954		102		1.10	
de Neufchât.	78,454		82		1.04	
Totaux pour le département entier.		737,501		2,146		

Il convient de noter que, depuis plusieurs années, il a été établi, dans l'hospice du Havre, un quartier spécial pour les aliénés indigens de la ville, et que, depuis lors, ces malades ont cessé d'être dirigés sur Saint-Yon. Cette circonstance exceptionnelle explique pourquoi notre relevé annonce une aussi faible proportion d'aliénés pour la seconde ville du département.

Cette remarque faite, il semble que l'on peut légitimement conclure des faits recueillis à l'Asile, que les circonstances au milieu desquelles vivent aujourd'hui, dans la Seine-Inférieure, les habitans des grands centres de population, constituent pour eux une prédisposition à l'aliénation mentale.

§ 8. *Culture intellectuelle.*

Bien que l'état de la culture intellectuelle, chez les habitans de la Seine-Inférieure, ne soit pas connu de manière à fournir à la statistique des données susceptibles d'être utilisées, il n'est pas sans intérêt de recueillir et de constater l'état de la culture intellectuelle chez les aliénés, à la manière de ce qui se pratique déjà, et pour les jeunes gens soumis au recrutement, et pour les accusés.

Un recensement de la population de l'Asile, en 1842, a fourni, sur cette question, les données suivantes.

Nombre des malades	Hommes.		Femmes.		Deux sexes.
Sachant lire et écrire.....	142	—	129	—	271.
Sachant lire.............	21	—	70	—	91.
Ne sachant ni lire ni écrire	97	—	104	—	201.
	260	—	303	—	563.

§ 9. *Climat et Constitution sociale.*

L'ensemble des conditions générales au milieu desquelles vit une société d'hommes peut constituer une prédisposition à un genre déterminé de maladies, et par conséquent aussi une prédisposition à l'aliénation mentale. Celles de ces conditions générales qui ne se rapportent à aucun des élémens précédemment étudiés, peuvent être conçues comme représentant l'influence combinée du climat et de la constitution sociale. Il est certaines contrées où l'idiotie est en quelque sorte endémique ; et les résultats encore si incomplets de la statistique, comparée d'un pays à un autre, établissent des différences considérables de nombre dans la proportion des aliénés à la population.

On ne pourra apprécier les causes véritables de ces différences que quand l'étiologie de l'aliénation mentale aura atteint un degré de perfectionnement dont elle est encore fort éloignée. En attendant la possibilité d'une interprétation scientifique, il serait important que les faits à interpréter fussent exactement déterminés dans leur valeur numérique. On pourrait arriver assez vite à ce résultat désirable, si l'on adoptait un peu généralement une bonne méthode d'observation.

Jusqu'alors, quand il s'est agi de déterminer le rapport du nombre des fous à la population, on a pris pour point de départ le résultat plus ou moins exact d'un recensement comprenant les aliénés séquestrés et présumés libres, et on a comparé le nombre obtenu au chiffre officiel de la population.

Le nombre actuel des aliénés dans un pays donné, même après l'élimination des malades étrangers, n'est pas dans un rapport absolu avec le chiffre de la population actuelle de ce pays.

Le nombre actuel des malades est le résultat complexe de plusieurs influences, et peut varier considérablement, indépendamment du chiffre qui exprime le nombre des habitans d'un pays.

Il y aurait un élément de comparaison plus fixe, et par conséquent plus propre à fournir une relation constante ; c'est le nombre des admissions annuelles, dans un asile qui, exclusivement ouvert aux malades provenant d'un même pays, recevrait habituellement tous les malades fournis par ce pays.

L'Asile des aliénés de la Seine-Inférieure ne s'éloigne pas beaucoup, depuis quelques années, de ces conditions ; le rapport des admissions annuelles dans cet Asile à la population du département, fournirait un moyen d'évaluation plus approximatif, plus exact et plus comparable, pour juger la question de l'influence du climat et de la constitution sociale sur le nombre des aliénés, et pour estimer, dès-lors, la valeur qui peut être assignée à cette influence, comme prédisposition à la folie.

Rapport du nombre actuel des aliénés existant dans le département de la Seine-Inférieure, avec le chiffre de la population.

Fin décembre 1843, l'Asile renfermait.	632	aliénés.
A déduire, étrangers au département.	43	
Aliénés domiciliés dans le département, et renfermés à Saint-Yon.	589	
A la même époque, il se trouvait à l'hospice général de Rouen.	43	aliénés.
A l'hospice du Havre.	29	
A l'hospice de Montivilliers.	2	
Total des aliénés traités dans les hospices. . . .	663	
On estime les aliénés vivant en liberté dans les communes, à.	100	
Total général.	763	

Ce nombre donne la proportion de 1. 03 aliénés sur 1,000 habitans.

Rapport du nombre annuel des admissions avec le chiffre de la population.

Nombre annuel des admissions, 215.

Population du département, 737,206.

Rapport des admissions annuelles à la population totale, 0.29 sur 1,000.

B. — Causes.

Les distinctions que la pathologie a établies entre les causes des maladies sont parfaitement applicables à l'aliénation mentale. Il serait fort à souhaiter que cette vérité n'eût jamais été méconnue dans les recherches statistiques qui ont été entreprises sur l'étiologie de l'aliénation mentale. Déjà, conformément aux principes de la science, les *prédispositions* ont été, dans cette notice, séparées des causes proprement dites. Il n'est pas moins important, dans l'étude statistique des faits, de distinguer les causes qui provoquent immédiatement, qui déterminent la maladie, c'est-à-dire les *causes déterminantes*, de certaines conditions essentielles à l'état morbide qui ne peuvent être assimilées à des causes, que parce qu'elles ont précédé la maladie, ou parce qu'elles en ont marqué le début.

C'est ainsi que, quand il s'agit de l'aliénation mentale en général, il faut se garder de confondre les causes déterminantes, telles que l'amour contrarié, la frayeur, l'abus des boissons alcooliques, avec les causes essentielles, telles que les altérations organiques et l'atrophie sénile du cerveau, qui amènent l'imbécillité, et les défectuosités d'organisation cérébrale, qui entraînent l'idiotie. De même, en discutant les causes de la folie en particulier, il est indispensable de ne pas mettre au rang des causes déterminantes, certaines conditions qui, liées à la maladie, ou comme complication, ou comme élément, ne jouent véritablement pas le rôle de causes. C'est parce que cette distinction importante a été fréquemment négligée, qu'on trouve dans les relevés statistiques, au nombre des causes de la folie, pour des proportions souvent considérables, l'épilepsie, qui est un des élémens de la folie épileptique, maladie dont les causes déterminantes sont fort variées ; la paralysie, qui est un effet d'une maladie cérébrale et un des symptômes de la folie paralytique ; l'apoplexie ou la conjection apoplectiforme, qui est un des accidens par lesquels débute fréquemment la folie paralytique.

Les faits relatifs à l'aliénation mentale, recueillis à l'Asile de la Seine-Inférieure, ont été étudiés et classés de manière à éviter autant que possible toutes ces causes d'erreurs.

Le tableau synoptique dans lequel ils ont été réunis, et qui comprend tous les cas d'aliénation mentale qui se sont présentés à l'Asile, de 1835 à 1843, contient des élémens de nature différente, et ressemble en cela à tous les tableaux qui représentent la somme des observations faites dans les divers établissemens dont la statistique a été publiée. Mais il en diffère en ce que ces élémens y sont distingués de manière à ne pas permettre la confusion et les erreurs dans lesquelles sont trop souvent tombés des statisticiens inattentifs ou inexpérimentés.

Les faits relatifs à l'imbécillité et à l'idiotie se sont trouvés trop peu nombreux pour qu'il fût utile de les soumettre à une étude détaillée. L'étiologie de ces espèces de l'aliénation mentale offre beaucoup moins d'intérêt, et a beaucoup moins d'importance que celle de la folie.

C'est à la folie proprement dite que s'appliquent exclusivement les résultats de la discussion numérique à laquelle vont être soumis les faits recueillis à l'Asile de la Seine-Inférieure.

Voici les bases principales de la classification des causes déterminantes de la folie que le médecin de l'Asile a adoptée dès 1835, et que les perfectionnemens successivement introduits par lui dans ses études statistiques n'ont pas essentiellement modifiée[1].

Une première classe comprend les causes généralement désignées sous le nom de causes morales, celles qui, corrélatives aux facultés intellectuelles, affectives et morales de l'homme, représentent ses besoins dans la vie et ses intérêts dans la société.

Une seconde classe comprend les causes qui consistent dans l'abus que l'homme peut faire de ses facultés, en recherchant les jouissances intellectuelles ou sensuelles.

Une troisième classe comprend les causes qui, consistant dans un état morbide actuel des organes de l'homme, provoquent la maladie désignée sous le nom de folie.

Une quatrième classe comprend les causes externes qui, physiquement, chimiquement, ou physiologiquement, troublent les fonctions cérébrales, et déterminent la folie.

La première classe, celle des causes morales, a été subdivisée en groupes, représentant les principaux intérêts de l'homme dans l'état de société : Religion, Amour, Famille et Affections, Fortune, Réputation, Conservation, Patrie.

La seconde classe se subdivise naturellement en Excès intellectuels et Excès sensuels.

Dans la troisième classe, ont été distingués les états morbides communs aux deux sexes, de ceux qui sont propres à la femme.

[1] Cette classification a été adoptée par MM. Aubanel et Thoré, dans leurs *Recherches statistiques sur l'aliénation mentale, faites à l'hospice de Bicêtre*. 1841.

Le nombre des aliénés compris dans les recherches étiologiques s'est élevé à. . . . . 887 h. 826 f. 1713 mal.

Le nombre des malades pour lesquels il y a eu défaut de renseignemens sur leurs antécédens, a été de 195 148 343

Le nombre des malades sur lesquels portent les observations s'est trouvé ainsi réduit à. 692 678 1370

Le nombre des cas dans lesquels la cause déterminante est demeurée inconnue, a été de . . . 169 177 346

Le nombre des causes essentielles, représentant le nombre des cas de folie épileptique, d'imbécillité et d'idiotie, a été de. 90 39 129

Le nombre des cas où la cause déterminante de la folie a été reconnue, s'est élevé à 433 462 895

Les causes déterminantes de la folie se sont réparties ainsi qu'il suit :

	Nombre des cas.			Proportion sur 1000.		
	Hom.	Fem.	D. sexes.	Hom.	Fem.	D. sexes.
Causes morales.	248	353	601	572	764	671
Excès intellect. et sensuels.	160	52	212	370	113	237
Causes organiques. . . .	16	56	72	37	121	81
Causes externes.	9	1	10	21	12	11

Les groupes secondaires des causes déterminantes de la folie se classent, pour la fréquence relative, dans l'ordre suivant :

Chez les deux sexes.	Sur 895.	Sur 1000.
1. Excès sensuels.	204	228
2. Famille et affections.	202	226
3. Fortune.	159	178
4. Conservation	81	91
5. Amour.	78	87
6. Religion.	46	51
7. Causes organiques propres à la femme.	45	50
8. Réputation.	28	31
9. Causes organiques non cérébrales. .	18	20

10.	Causes externes	10 —	11
11.	Causes organiques cérébrales	9 —	10
12.	Excès intellectuels	8 —	9
13.	Patrie	7 —	8

	Chez l'homme.	Sur 433.	Sur 1000.
1.	Excès sensuels	153 —	353
2.	Fortune	91 —	210
3.	Famille et affections	63 —	146
4.	Conservation	36 —	83
5.	Amour	23 —	53
6.	Religion	15 —	35
7.	Réputation	15 —	35
8	Causes organiques non cérébrales	9 —	21
9.	Causes externes	9 —	21
10.	Excès intellectuels	7 —	16
11.	Causes organiques cérébrales	7 —	16
12.	Patrie	5 —	11

	Chez la femme.	Sur 462.	Sur 1000.
1.	Famille et affections	139 —	303
2.	Fortune	68 —	147
3.	Amour	55 —	119
4.	Excès sensuels	51 —	110
5.	Conservation	45 —	98
6.	Causes organiques propres à la femme	45 —	98
7.	Religion	31 —	67
8.	Réputation	13 —	29
9.	Causes organiques non cérébrales	9 —	20
10.	Causes organiques cérébrales	2 —	4
11.	Patrie	2 —	4
12.	Causes externes	1 —	0.5
13.	Excès intellectuels	1 —	0.5

Les dix causes les plus fréquentes de la folie se classent dans l'ordre suivant :

Hommes.	Sur 433.		Sur 1000.
1. Abus des boissons alcooliques. . . .	121	—	280
2. Revers et fortune.	75	—	173
3. Perte d'une personne aimée.	33	—	76
4. Chagrins domestiques	29	—	67
5. Frayeur.	21	—	49
6. Libertinage	17	—	39
7. Amour contrarié.	16	—	37
8. Onanisme.	15	—	35
9. Dévotion exaltée.	13	—	30
10. Colère.	12	—	28

Femmes.	Sur 462		Sur 1000.
1. Chagrins domestiques.	82	—	178
2. Perte d'une personne aimée.. . . .	55	—	119
3. Revers de fortune	52	—	113
4. Abus de boissons alcooliques . . .	43	—	93
5. Amour contrarié.	37	—	80
6. Suites de couches	33	—	71
7. Dévotion exaltée.	30	—	65
8. Frayeur.	27	—	58
9. Jalousie	18	—	39
10. Aménorrhée, âge critique.	10	—	21

Deux sexes.	Sur 895.		Sur 1000.
1. Abus des boissons alcooliques. . . .	164	—	182
2. Revers de fortune	127	—	141
3. Chagrins domestiques.	111	—	123
4. Perte d'une personne aimée. . . .	88	—	98
5. Amour contrarié.	53	—	59
6. Frayeur.	48	—	53

7. Dévotion exaltée.	43 —	48
8. Suites de couches.	33 —	37
9. Jalousie..	25 —	28
10. Colère..	21 —	23

L'étude de la fréquence relative des causes déterminantes de a folie, dans les principales formes de cette maladie, conduit à ces résultats :

Forme maniaque.

Classes.	Deux sexes. Sur 381.	Sur 1000.
1. Causes morales.	247 —	648
2. Excès.	100 —	262
3. Causes organiques.	27 —	71
4. Causes externes..	7 —	19

Catégories.		
1. Excès sensuels	96 —	252
2. Famille.	83 —	218
3. Fortune	59 —	155
4. Conservation	42 —	110
5. Amour.	35 —	92
6. Religion..	18 —	47
7. Causes propres à la femme.	14 —	37
8. Réputation.	8 —	21
9. Causes organiques non cérébrales. .	8 —	21
10. Causes externes.	7 —	19
11. Causes organiques cérébrales. . . .	5 —	13
12. Excès intellectuels.	4 —	10
13. Patrie	2 —	5

Causes particulières.	Deux sexes. Sur 381.	Sur 1000.
1. Abus des boissons alcooliques	80 —	210
2. Revers de fortune	49 —	129
3. Chagrins domestiques	45 —	118
4. Perte d'une personne aimée	36 —	95
5. Amour contrarié	26 —	68
6. Frayeur	23 —	60
7. Dévotion exaltée	18 —	47
8. Colère	16 —	42
9. Jalousie	9 —	23
10. { Libertinage	8 —	21
10. { Onanisme	8 —	21

Forme mélancolique.

Classes.	Deux sexes. Sur 288.	Sur 1000.
1. Causes morales	230 —	798
2. Excès	31 —	108
3. Causes organiques	27 —	94
4. Causes externes	0 —	0

Catégories.		
1. Famille	80 —	278
2. Fortune	59 —	208
3. Conservation	27 —	94
4. Excès sensuels	27 —	94
5. Amour	25 —	87
6. Religion	22 —	76
7. Causes propres à la femme	22 —	76
8. Réputation	13 —	45
9. Causes organiques non cérébrales	5 —	16
10. Excès intellectuels	4 —	13
11. Patrie	4 —	13
12. Causes organiques cérébrales	0 —	0
13. Causes externes	0 —	0

Causes particulières.	Deux sexes. Sur 288.	Sur 1000.
1. Chagrins domestiques.	44 —	152
2. Revers de fortune.	42 —	146
3. Perte d'une personne aimée.	35 —	121
4. Dévotion exaltée.	20 —	69
5. Frayeur..	19 —	65
6. Abus des boissons alcooliques.	19 —	65
7. Amour contrarié.	15 —	52
8. Suites de couches.	15 —	52
9. Jalousie.	10 —	34
10. Atteintes à la réputation.	7 —	24
11. Misère.	7 —	24

Forme paralytique.

Classes.	Deux sexes. Sur 82.	Sur 1000.
1. Causes morales.	41 —	500
2. Excès.	37 —	452
3. Causes organiques	2 —	24
4. Causes externes	2 —	24
Catégories.		
1. Excès sensuels.	37 —	452
2. Fortune.	19 —	232
3. Famille.	12 —	146
4. Conservation..	5 —	61
5. Amour.	4 —	49
6. Causes externes.	2 —	24
7. Réputation	1 —	12
8. Causes organiques cérébrales.	1 —	12
9. Causes propres à la femme.	1 —	12
10. Religion	0 —	0
11. Patrie	0 —	0
12. Causes organiques non cérébrales. . .	0 —	0

Causes particulières.	Deux sexes. Sur 82.	Sur 1000.
1. Abus des boissons alcooliques.	28 —	341
2. Revers de fortune	18 —	220
3. Chagrins domestiques.	8 —	98
4. Libertinage.	8 —	98
5. Perte d'une personne aimée.	4 —	49

Ces diverses données relatives aux causes déterminantes de la folie contiennent les conclusions principales suivantes, conclusions qui ne manquent ni d'intérêt ni d'importance, et qui se trouvent appuyées par un nombre de faits assez considérable pour qu'on puisse les considérer comme définitivement acquises à la science.

Les causes morales sont, dans leur ensemble, les causes déterminantes les plus fréquentes de la folie. Cette influence prédominante des causes morales est plus grande dans le sexe féminin. Elle se manifeste à son plus haut degré dans la forme mélancolique de la folie, elle est encore très prononcée dans la forme maniaque ; elle s'efface dans la forme paralytique.

Les catégories de causes dont l'activité pour produire la folie est la plus grande, sont, dans la folie en général, les excès sensuels, les intérêts de famille et de fortune.

Les catégories de causes se classent, pour l'ordre de fréquence, ainsi qu'il suit :

Suivant le sexe : chez l'homme, 1° Excès sensuels ; 2° Fortune ; 3° Famille ; chez la femme, 1° Famille ; 2° Fortune ; 3° Amour ;

Suivant la forme de la folie : dans la folie maniaque, 1° Excès sensuels ; 2° Famille ; 3° Fortune ; dans la forme mélancolique, 1° Famille ; 2° Fortune ; 3° Conservation ; dans la forme paralytique, 1° Excès sensuels ; 2° Fortune ; 3° Famille.

Les causes particulières les plus fréquentes de la folie sont :

Dans la folie en général, 1° Abus des boissons alcooliques; 2° Revers de fortune; 3° Chagrins domestiques; 4° Perte d'une personne aimée; ordre qui est, à peu de chose près, le même chez l'homme, et qui, chez la femme, diffère notablement, et ainsi qu'il suit : 1° Chagrins domestiques : 2° Perte d'une personne aimée; 3° Revers de fortune; 4° Abus des boissons alcooliques;

Dans la forme maniaque : 1° Abus des boissons alcooliques; 2° Revers de fortune; 3° Chagrins domestiques; 4° Perte d'une personne aimée;

Dans la forme mélancolique : 1° Chagrins domestiques; 2° Revers de fortune; 3° Perte d'une personne aimée; 4° Dévotion exaltée;

Dans la forme paralytique : 1° Abus des boissons alcooliques; 2° Revers de fortune; 3° Chagrins domestiques; 4° Libertinage.

SECTION III. — SORTIES.

§ 1. *Sorties avec guérison.*

Assez généralement, l'appréciation du nombre relatif des guérisons obtenues dans les établissements d'aliénés, s'est faite par la comparaison du nombre total des guérisons au nombre total des admissions. On obtiendrait des éléments d'appréciation plus exacts et plus utiles, si l'on tenait compte, dans l'étude des faits, de la nature essentiellement différente des maladies désignées sous le nom commun d'aliénation mentale. Il n'y a de traitement dans les Asiles d'aliénés et il n'y a de guérison possible que pour les malades atteints de folie proprement dite. N'est-ce pas introduire volontairement un élément d'erreur dans les appréciations, que d'introduire, dans les termes du rapport des guérisons aux admissions, des chiffres appartenant à des maladies aussi différentes que la folie, l'imbécillité consécutive et l'idiotie! Cet usage ayant prévalu, il est encore utile d'indiquer le rapport général des guérisons aux admissions, sans acception de la nature de l'aliénation mentale.

Le nombre des guérisons, dans la période antérieure à 1835, n'a été constaté que pour les années 1833 et 1834, et il a été le suivant :

	Guérisons.		Admissions.				
Deux sexes	72	sur	265	—	271	sur	1000.
Hommes	32		139	—	231		
Femmes	40		126	—	317		

Les faits de guérison dans la période de 1835 à 1843, fournissent les résultats suivants :

Résultats totaux.

Proportion des guérisons aux admissions totales.

Deux sexes	747	sur	1713	—	436	sur	1000.
Hommes	374		887	—	421		
Femmes	373		826	—	451		

Proportion des guérisons aux admissions dans les cas de folie proprement dite.

Dans la folie en général.

Deux sexes	747	sur	1652	—	452	sur	1000.
Hommes	374		850	—	440		
Femmes	373		820	—	465		

Dans les diverses formes de la folie.

Folie aiguë :

Deux sexes	648	sur 1118	—	580	sur	1000.
Hommes	316	526	—	605		
Femmes	332	592	—	561		

Folie maniaque :

Deux sexes	416	704	—	591
Hommes	212	351	—	604
Femmes	204	353	—	577

Folie mélancolique :

Deux sexes	232	414	—	560
Hommes	104	175	—	594
Femmes	128	239	—	540

Folie chronique :

Deux sexes	66	294	—	224
Hommes	29	137	—	212
Femmes	37	157	—	242

Folie convulsive :

Deux sexes	14	20	—	700
Hommes	14	17	—	823

Folie paralytique :

Deux sexes	8	152	—	52
Hommes	6	117	—	50
Femmes	2	35	—	57

Résultats annuels.

La proportion des guérisons aux admissions, considérée annuellement depuis 1833 jusqu'à 1843, a fourni les résultats suivants :

	Nombre des guérisons.		Nombre total des admissions. 1		Nombre des admissions. de folie. 2		Proportion sur 1,000 — 1.		2.
1833.	— 35	—	124		——		282		—
1834.	— 37	—	141		——		262		—
1835.	— 50	—	117	—	112	—	423	—	444
1836.	— 56	—	145	—	137	—	386	—	408
1837.	— 55	—	162	—	157	—	339	—	350
1838.	— 69	—	204	—	197	—	338	—	350
1839.	— 92	—	186	—	182	—	494	—	505
1840.	— 96	—	211	—	201	—	455	—	478
1841.	—114	—	217	—	212	—	525	—	537
1842.	—117	—	237	—	230	—	498	—	509
1843.	— 98	—	234	—	223	—	422	—	440

On peut, jusqu'à un certain point, apprécier la solidité des guérisons obtenues, en comparant la proportion des récidives aux admissions dans chaque année.

Cas de folie.

1836.	— 23 récidives	sur	137 admissions.	168	sur 1,000.
1837.	— 30	—	157	—	191
1838.	— 34	—	197	—	173
1839.	— 33	—	182	—	181
1840.	— 35	—	201	—	174
1841	— 30	—	212	—	142
1842.	— 39	—	230	—	170
1843.	— 40	—	223	—	179

Influence des saisons.

Guérisons comparées aux admissions.

Pendant les six mois les plus chauds :

	Hommes.	Femmes.	D. sexes.	Proportion sur 1000. Hommes.	Femmes.	D. sexes.
Guérisons,	217	199	416	459	461	460
Admissions,	473	432	905			

Pendant les six mois les plus froids :

	Hommes.	Femmes.	D. sexes.	Proportion sur 1000. Hommes.	Femmes.	D. sexes.
Guérisons,	157	174	331	416	470	443
Admissions,	377	370	747			

Influence des âges.

Ages.	Deux sexes. Guérisons		Admissions.		Proportion sur 1000.
Au-dessous de 20 ans. . . .	39	—	61	—	639
— de 20 à 29. . .	157	—	297	—	528
— de 30 à 39. . .	244	—	493	—	495
— de 40 à 49. . .	175	—	441	—	397
— de 50 à 59. . .	94	—	245	—	383
— de 60 et au-dess.	38	—	115	—	330

Durée du Traitement.

	Guérisons obtenues. H.	F.	D. sex.		Proport. sur 1,000. H.	F.	D. sex.
Pendant le 1er mois.	29	13	42	—	78	35	56
Pend. le 1er trimestre	177	136	313	—	473	365	419
Pend. le 2e trimestre	94	101	195	—	251	271	261
Pend. les 6 prem. mois.	271	237	508	—	724	636	680
Pend. le 2e semestre	55	76	131	—	147	204	175

	Guérisons obtenues. H.	F.	D. sex.		Proport. sur 1000. H.	F.	D. sex.
Pend. la prem. année	326	313	639	—	871	840	855
Pend. la deux. année	29	25	54	—	78	67	72
Pend. les 2 pr. années.	355	338	693	—	949	907	927
Après deux années	19	35	54	—	51	93	73
Total.	374	373	747	—	1000	1000	1000

Les principales conséquences contenues dans les faits observés à l'Asile relativement à la guérison de la folie, sont les suivantes.

Le nombre des guérisons, qui a été, en moyenne, de 452 sur 1000 admissions, s'est notablement accru dans la période de 1835 à 1843, comparativement aux résultats constatés pour les années précédentes.

La proportion plus considérable des guérisons, dans les dernières années de la période de 1835 à 1843, n'a pas été obtenue aux dépens de leur solidité.

La proportion des guérisons, pour les malades admis avant le passage de la folie à l'état chronique, s'est élevée à 580 sur 1000.

Les chances de guérison, en ce qui dépend de la forme de la maladie, vont en diminuant dans l'ordre suivant :

Forme convulsive,	700 sur 1000.
maniaque,	590.
mélancolique,	560.
chronique,	224.
paralytique,	52.

Le nombre des guérisons est proportionnellement plus considérable chez les hommes.

Les saisons ne paraissent pas avoir d'influence sensible sur la guérison. L'âge a , au contraire , une influence très notable sur les chances de guérison qui décroissent, en raison de l'élévation de l'âge , de manière à ce qu'à partir de 60 ans , elles soient de moitié moindres qu'avant 20 ans.

La durée du traitement prouve que les chances de guérison diminuent rapidement en raison de la durée de la maladie. Après un an de durée, la proportion des guérisons s'est abaissée à 144 sur 1000 ; après deux années, à 72.

§. 2. *Sorties sans guérison.*

Le nombre des malades non encore guéris ou incurables, qui sortent annuellement des asiles d'aliénés par la volonté des familles ou par suite de mesures d'administration publique, est essentiellement variable à propos du même établissement, et surtout d'un établissement à l'autre. Aussi la statistique, tout en constatant cet ordre de faits, n'a-t-elle à en attendre aucun enseignement important,

Nombre des malades sortis sans guérison de l'Asile de la Seine-Inférieure pendant la période de 1835 à 1843.

		Hommes.	Femmes.	Deux sexes.
1835.	—	23	9	32
1836.	—	16	18	34
1837.	—	14	9	23
1838.	—	22	17	39
1839.	—	12	19	31
1840.	—	9	9	18
1841.	—	17	11	28
1842.	—	18	6	24
1843.	—	20	20	40
	Totaux.	151	118	269

Parmi ces aliénés sortis sans être guéris, les uns n'avaient pas encore subi un traitement complet ; d'autres étaient considérés comme incurables ; enfin, il en était un certain nombre qui avaient éprouvé une amélioration assez notable pour qu'on pût les considérer comme sur le point de guérir. Le nombre des malades appartenant à cette dernière catégorie s'est élevé à 44 pour les deux sexes : 27 hommes, 17 femmes.

SECTION IV. — DÉCÈS.

§ I. *Nombre des décès.*

Le nombre des décès s'est élevé,

	Hommes.	Femmes.	D. sexes.
Du 11 juillet 1825 au 31 décembre 1834, à..	368	133	301
Du 1er janvier 1835 au 31 décembre 1843, à.	313	207	520
Depuis la fondation de l'Asile jusqu'au 31 décembre 1843, à...	481	340	821

Proportion annuelle des décès.

La proportion des décès a été déterminée en comparant le chiffre des décès annuels au chiffre de la population, représenté par la somme du nombre des malades existans au 1er janvier de chaque année et du nombre des admissions annuelles. Voir le tableau N° 4.

Rapport du nombre des décès au chiffre de la population.

		Hommes.		Femmes.		D. sexes.	
1825.	—	47	—	61	—	55	sur 1,000.
1826.	—	55	—	27	—	39	
1827.	—	99	—	52	—	74	
1828.	—	102	—	22	—	62	

		Hommes.		Femmes.		D. sexe.	
1829.	—	81	—	51	—	65	sur 1000.
1830.	—	81	—	22	—	49	
1831.	—	64	—	57	—	60	
1832.	—	92	—	112	—	103	
1833.	—	66	—	87	—	77	
1834.	—	76	—	48	—	62	
1835.	—	85	—	68	—	77	
1836.	—	86	—	41	—	62	
1837.	—	92	—	101	—	95	
1838.	—	110	—	49	—	78	
1839.	—	94	—	50	—	68	
1840.	—	96	—	92	—	94	
1841.	—	109	—	61	—	84	
1842.	—	116	—	48	—	80	
1843.	—	132	—	49	—	87	

Proportion moyenne des décès.

Pour obtenir une proportion moyenne exacte des décès à la population, il faut retrancher les faits qui se rapportent aux années exceptionnelles 1825 et 1826, pendant lesquelles a été effectuée la translation à l'Asile des malades résidant dans divers établissements.

Période de 1827 à 1843, comprenant 17 années.

Nombre des décès.			Chiffre total de la population.		
Hommes.	Femmes.	D. sexes.	Hommes.	Femmes.	D. sexes.
471	332	803	4,972	5,518	10,490.

Proportion moyenne des décès annuels.

Hommes.	Femmes.	D. sexes.	
91.	60	76	sur 1,000.

Mortalité suivant l'espèce de l'aliénation mentale.

Période de 1835 à 1843.

	Hommes.	Femmes.	D. sexes.
Folie maniaque.	39	26	65
mélancolique.	15	13	28
chronique.	100	129	229
convulsive.	1	1	2
paralytique.	128	31	159
épileptique.	19	2	21
Folie.	302	202	504
Imbécillité.	4	1	5
Idiotie.	7	4	11
	313	207	520

Mortalité suivant les saisons.

	Six mois chauds.		Six mois froids.		Total.	Proportion sur 1,000.		
Période de 1827 à 1834.								
Hommes.	71	—	87	—	158	449	—	551
Femmes.	59	—	66	—	125	472	—	528
D. sexes.	130	—	153	—	283	460	—	540
Période de 1835 à 1843.								
Hommes.	137	—	176	—	313	438	—	562
Femmes.	89	—	118	—	207	430	—	570
D. sexes.	226	—	294	—	520	435	—	565

§ II. *Causes de la mort.*

La cause de la mort, considérée chez les malades atteints de folie, pendant la période de 1835 à 1843, a été :

	Nombre des cas.			Proportion sur 1,000.		
	Hommes.	Femmes.	D. sexes.	Homm.	Femm.	D. sexes.
1° Une lésion organique						
dans l'appareil cérébro-spinal.	161 —	53 —	214	533 —	261 —	423
dans l'appareil digestif......	61 —	71 —	132	202 —	352 —	262
dans l'appareil circulatoire...	14 —	16 —	30	46 —	79 —	60
dans l'appareil respiratoire...	29 —	42 —	71	96 —	208 —	140
dans l'appareil génito-urinaire	2 —	3 —	5	7 —	15 —	10
Divers appareils..	12 —	7 —	19	40 —	35 —	38
2° Un accident :						
Asphyxie par le froid.........	» —	3 —	3	» —	15 —	6
Asphyxie par engouement d'aliments.........	4 —	1 —	5	13 —	5 —	10
Asphyxie dans accès épileptiques....	5 —	» —	5	17 —	» —	10
Brûlures........	1 —	1 —	2	3 —	5 —	4
3° Le résultat de la volonté des malades :						
Marasme par inanition volontaire..	3 —	3 —	6	10 —	15 —	12
Asph. par suspension volontaire.	4 —	1 —	5	13 —	5 —	10
Blessure volontaire du cœur.......	1 —	» —	1	3 —	» —	2
4° Le résultat d'un état morbide dont la nature est demeurée inconnue :						
Mort subite de cause inconnue......	3 —	1 —	4	10 —	5 —	8
Marasme de cause inconnue......	2 —	» —	2	7 —	» —	4
	302 —	202 —	504			

Les causes particulières de mort, considérées d'après leur fréquence dans la folie en général, se classent ainsi qu'il suit :

Deux sexes. . . . . . sur	504	
Congestion cérébrale. . .	111 —	220 sur 1,000.
Gastrite, Entérite. . . .	101 —	200
Marasme cérébral. . . .	60 —	119
Phtisie pulmonaire . . .	42 —	83
Maladies du cœur. . . .	30 —	60
Pneumonie, Pleurésie. .	29 —	58
Méningite aiguë.	12 —	24
Péritonite.	12 —	24
Hémorrhagie cérébrale. .	11 —	22
Cancer de l'estomac. . .	11 —	22
Ramollissement partiel du cerveau, ou du cervelet.	10 —	20

La considération de l'espèce de la folie modifie notablement ces résultats généraux, ainsi qu'il résulte de la comparaison des principales causes de la mort dans la folie aiguë, la folie chronique et la folie paralytique.

	Folie simple.				Folie paralytique.	
	Aiguë.		Chronique.			
Chez les deux sexes.	sur 93.	sur 1000.	sur 229.	sur 1000.	sur 159.	sur 1000.
Lésions organiques						
dans l'appareil cérébro-spinal.	19 —	204	46 —	201	135 —	848
dans l'appareil digestif.	31 —	333	89 —	388	9 —	56
dans l'appareil circulatoire. . .	8 —	86	20 —	87	2 —	13
dans l'appareil respiratoire. . .	14 —	150	50 —	218	6 —	38
dans l'appareil génito-urinaire	1 —	11	4 —	17	» —	»
Divers appareils. .	7 —	75	9 —	40	3 —	19

Classement des causes particulières les plus fréquentes de la mort.

Dans la folie simple,	aiguë.		chronique.	
1° Gastrite, Entérite.......	25 — 268	1°	65 — 284	
2° Congestion cérébrale....	9 — 97	3°	26 — 113	
3° Maladies du cœur.......	8 — 86	4°	20 — 87	
4° Phtisie pulmonaire......	7 — 75	2°	32 — 140	
5° Pneumonie, Pleurésie...	7 — 75	5°	18 — 78	
6° Suppurations..........	5 — 54	—	» — »	
Cancer de l'estomac......	» — »	6°	10 — 43	

Dans la folie paralytique,	
1° Congestion cérébrale....	66 — 414
2° Marasme cérébral.......	53 — 333
3° Gastrite, Entérite.......	9 — 57
4° Meningite aiguë....... ..	5 — 31
5° Ramolliss.part. du cerveau.	5 — 31
6° Hydropisie de l'arachnoïde et des ventricules.	3 — 19

Le nombre des décès, en somme et en moyenne, a été plus considérable chez les hommes que chez les femmes. La mortalité, plus grande chez les hommes, explique le fait d'une population actuelle plus grande pour les femmes, bien que le chiffre des admissions d'hommes l'emporte sur celui des admissions de femmes. Cette mortalité plus grande chez l'homme est principalement due à ce que, chez lui, la folie rêvet, beaucoup plus fréquemment que dans l'autre sexe, la forme paralytique, et est alors presque constamment incurable et mortelle.

La mortalité, plus considérable dans les mois les plus froids, prouve que les aliénés subissent, à la manière des autres hommes, l'influence délétère du froid.

La cause de la mort a été une lésion organique de l'appareil cérébro-spinal, 423 fois sur 1000.

Cette proportion exprime à peu près exactement la part d'influence qu'on peut attribuer à la folie elle-même dans la mortalité, la lésion organique de l'appareil cérebro-spinal qui a causé la mort, ayant été habituellement liée d'une manière plus ou moins étroite à l'état d'aliénation mentale.

Cette proportion, beaucoup plus considérable chez les hommes, 523 sur 1000, est expliquée par la fréquence plus grande des altérations inflammatoires de l'encéphale, qui sont un des caractères essentiels de la forme paralytique.

Parmi les accidens qui ont causé la mort de 15 individus, 13 se rattachent à l'état d'aliénation mentale, et expriment, pour l'asile de la Seine-Inférieure, le nombre des accidens fâcheux qui ne peuvent être complètement prévenus dans ces sortes d'établissement. L'asphyxie par engouement d'alimens est un des accidens propres à la folie paralytique; l'asphyxie dans les accès d'épilepsie exprime plutôt une terminaison assez fréquente de cette maladie, qu'un accident réel; l'asphyxie par le froid ne pourrait être prévenue absolument, qu'à la condition de l'établissement général de calorifères.

Le nombre des suicides, déplorables malheurs que toutes les précautions imaginables ne peuvent prévenir d'une manière absolue, s'est élevé à 6 en 9 ans.

Tous les moyens que possède la science pour empêcher que les malades ne réussissent à se laisser mourir de faim, ont échoué dans 6 cas pendant la même période.

Il serait fort à souhaiter que toutes les statistiques fissent, comme celle-ci, une mention scrupuleusement exacte de ces événemens malheureux, plus faciles à dissimuler qu'à éviter.

§ 3. *Résultats des recherches d'anatomie pathologique.*

L'autopsie cadavérique de tous les malades qui ont succombé dans la période de 1835 à 1843, a été faite par le médecin en chef, et le résultat des recherches d'anatomie pathologique relatives à l'encéphale, a été consigné dans des observations individuelles égales en nombre à celui des décès.

Dès 1835, un élément nouveau d'appréciation de l'état pathologique de l'encéphale, la détermination du poids absolu de cet organe, a été introduit dans ces recherches par le médecin de l'Asile. La comparaison du poids de l'encéphale dans l'état d'aliénation mentale, au poids de cet organe dans l'état normal, scientifiquement déterminé d'après des recherches spéciales[1], paraissait devoir jeter quelque lumière sur les rapports qui existent dans l'aliénation mentale entre le trouble morbide des manifestations psychiques et les altérations de l'organe, par le moyen duquel se réalisent ces manifestations.

Sur les 504 observations individuelles, 329, c'est-à-dire toutes celles qui se rapportent à la période écoulée depuis le 1er janvier 1835 jusqu'au 1er mars 1841, ont été publiées et discutées dans le *Traité théorique et pratique de la Folie,* dont le médecin de l'Asile a entrepris la publication. C'est dans cet ouvrage que doivent être cherchés les développemens scientifiques qui se rapportent à ces faits[2]. Il suffira d'indiquer ici les résultats les plus généraux et les conclusions principales.

[1] *Recherches sur l'Encéphale; du volume de la tête et de l'encéphale chez l'homme*, par M. Parchappe, 1836.

[2] *Traité théorique et pratique de la Folie;* observations particulières et documens nécroscopiques, par M. Parchappe, 1841.

Altérations cérébrales constatées après la mort chez 313 *malades des deux sexes atteints de folie, classées d'après leur fréquence.*

		sur 313.
1.	Epaississement et opacité de l'arachnoïde et de la pie-mère.	192 fois.
2.	Hypérémie générale de la pie-mère et des deux substances cérébrales.	110
3.	Ramollissement profond et étendu de la couche corticale.	105
4.	Adhérence de la pie-mère à la surface corticale.	102
5.	Atrophie des circonvolutions	96
6.	Décoloration de la couche corticale.	92
7.	Induration générale de la substance blanche.	79
8.	Hypérémie générale de la couche corticale. .	72
9.	Infiltration sous-arachnoïdienne.	70
10.	Induration générale des deux substances . . .	49
11.	Hypérémie générale de la substance blanche .	47
12.	Ecchymoses sous-arachnoïdiennes, associées au ramollissement superficiel de la couche corticale	46
13.	Hypérémie générale de la pie-mère.	43
14.	Hypérémie partielle de l'arachnoïde et de la pie-mère.	32
15.	Induration étendue de la surface corticale, sous forme de pellicule	29
16.	Mollesse de la couche corticale	24
17.	Mollesse des deux substances.	23
18.	Granulations à la surface des ventricules . . .	21
19.	Ecchymoses sous-arachnoïdiennes, associées à l'injection pointillée de la surface corticale.	13

20. Mollesse de la substance blanche. 8
21. Anémie de l'encéphale 7
22. Atrophie de la couche corticale 5

Conclusions générales des recherches d'anatomie pathologique.

Presque constamment on trouve des altérations pathologiques dans le cerveau des aliénés.

Par leur ensemble, et souvent aussi par leur caractère, ces lésions diffèrent de celles que peut présenter le cerveau hors de l'état d'aliénation mentale.

A chacune des grandes classes de l'aliénation mentale, folie, imbécillité, idiotie, correspondent des altérations différentes dans l'encéphale.

Dans l'idiotie, il y a généralement défaut de volume et imperfection de conformation de l'encéphale.

Dans l'imbécillité consécutive, il y a atrophie de l'encéphale pour l'imbécillité sénile; altération de structure de l'encéphale pour l'imbécillité paralytique.

Il n'y a pas d'altération constante et spéciale de l'encéphale qui puisse être considérée comme une des conditions essentielles à l'état morbide désigné sous le nom de folie.

La folie simple peut exister sans qu'à la mort on trouve aucune lésion de l'encéphale ; néanmoins, il y a, en général, et pour le plus grand nombre des cas, congestion sanguine subinflammatoire à la périphérie du cerveau, (couche corticale et membranes), dans la folie simple aiguë ; épaississement des membranes et atrophie des circonvolutions cérébrales, dans la folie simple chronique.

Il y a un décroissement graduel du volume du cerveau en raison de la dégradation successive de l'intelligence dans la folie simple, ainsi que l'établissent les faits suivans :

Poids comparé de l'encéphale dans diverses catégories de malades atteints de folie simple[1].

	Moyenne du poids de l'encéphale.	
	Hommes.	Femmes.
Folie aiguë.	1k. 449 —	1k. 295
Folie chronique.	1. 363 —	1. 186
Folie chronique divisée en 4 classes, suivant le degré de dégradation intellectuelle.		
1re classe	1. 402 —	1. 216
2e	1. 395 —	1. 231
3e	1. 374 —	1. 202
4e	1. 297 —	1. 152

La folie compliquée offre plus constamment des lésions pathologiques de l'encéphale, qui sont aussi plus caractéristiques et plus profondes.

Dans la folie paralytique vraie, il y a constamment des lésions de la périphérie du cerveau qui révèlent un travail inflammatoire, et qui consistent en épaississement et injection des membranes, adhérence de la pie-mère à la surface cérébrale, ramollissement ou induration de la couche corticale cérébrale.

Dans la folie épileptique, les altérations du cerveau sont plus variables ; la plus fréquente consiste en indurations générales ou partielles de la substance blanche cérébrale.

[1] Voir le *Traité théorique et pratique de la Folie.*

SECT. V. — LOI D'ACCROISSEMENT DE LA POPULATION.

Depuis le jour de la fondation de l'Asile des aliénés de la Seine-Inférieure jusqu'à l'époque de la rédaction de cette notice, c'est-à-dire pendant une durée de dix-huit ans et six mois, le chiffre de la population s'est constamment accru d'année en année. Ce fait, qui, au point de vue administratif, a une importance très grande en raison du défaut de proportion qu'il tend nécessairement à amener entre le chiffre de la population et les ressources d'habitation, n'est pas sans intérêt au point de vue médical. L'accroissement graduel du nombre des aliénés n'est pas un fait accidentel et propre à l'Asile de la Seine-Inférieure. Il se reproduit, avec les mêmes caractères, dans les asiles d'aliénés en général, et il est l'expression d'une loi dont l'exécution de la nouvelle législation sur une large échelle, paraît destinée à faire ressortir et à généraliser les effets.

Cette loi, en ce qui concerne l'Asile des aliénés de la Seine-Inférieure, se révèle avec évidence par les faits qui ont été développés dans le tableau n° 6.

Les faits relatifs au mouvement de la population ont été distingués : en ceux qui se rapportent aux admissions exceptionnelles de 1825 et 1826, et qui doivent être mis de côté ; et ceux qui se rapportent aux années antérieures ou aux années postérieures à la mise à exécution de la loi, représentant deux périodes, différentes pour le nombre moyen des admissions annuelles.

Voici les résultats auxquels conduit la discussion des faits exposés dans le tableau n° 6.

1° *Comparaison des moyennes.*

Pendant la période antérieure à la mise à exécution de la loi sur les aliénés, de 1827 à 1838,

La moyenne annuelle des admissions et des sorties s'est peu écartée des chiffres suivans :

	Hommes.		Femmes.		Deux sexes
Admissions.	73	—	65	—	138
Sorties.	41	—	39	—	80
Et le rapport des sorties aux admissions sur 1000, a été	561	—	600	—	579

Le chiffre des décès annuels s'est généralement accru d'année en année, et a été constamment en rapport avec le chiffre total de la population actuelle et des admissions annuelles ; ce rapport s'est peu écarté de la moyenne suivante :

Sur 1000. . . . . 83 H. 60 F. 71 D. s.

Le chiffre des extinctions, par suite des sorties et des décès, s'est graduellement accru d'année en année ; mais, dans chaque année, il a été inférieur à celui des admissions, et de ce fait a résulté l'accroissement graduel de la population.

L'accroissement réel de la population a été en 11 années	118 H.	102 F.	220 D. s.
En moyenne annuelle	10. 7.	9. 2.	20

Pendant la période postérienre à la loi, de 1838 à 1843.

	Hommes.		Femmes.		Deux sexes.
Moyenne annuelle des admissions	112	—	103	—	215
des sorties,	66	—	62	—	128
Rapport des sorties aux admissions.	589	—	602	—	595
Rapport des décès à la population	107	—	59	—	83
Accroissement de la population en six années.	41	—	103	—	144
En moyenne annuelle.	6. 8		17. 1		24

2° *Comparaison des résultats totaux.*

Rapport des sorties aux admissions.

	Hommes.	Femmes.	Deux sexes.
1re période : admissions. . . .	802	718	1520
sorties.	452	425	877
Rapport sur 1000.	563	591	577
2e période : admissions. . . .	673	616	1289
sorties.	394	372	766
Rapport sur 1000.	585	603	593
Rapport des décès aux admissions.			
1re période : décès.	233	191	424
Rapport sur 1000.	292	266	280
2e période : décès.	238	141	379
Rapport sur 1000.	354	229	294
Rapport des extinctions aux admissions.			
1re période : admissions. . . .	802	718	1520
extinctions par sorties et décès. . .	684	616	1300
accroissement. . .	118	102	220
Rapport des extinctions aux admissions sur 1000.	852	858	855
2e période : admissions. . . .	673	616	1289
extinctions. . . .	632	513	1145
accroissement . .	41	103	144
Rapport sur 1000.	939	833	888

Il y a eu, dans le mouvement de la population et dans ses

effets principaux, pendant les deux périodes, une similitude parfaite.

Le nombre des admissions l'a constamment emporté sur le nombre des extinctions, de manière à entraîner, comme conséquence, une augmentation annuelle de population, égale au chiffre de la différence entre les admissions et les extinctions.

Ce fait, qui tient à la nature des choses, et non à des circonstances accidentelles, exprime une loi dont il doit être tenu compte dans les mesures d'administration relatives à la création et à la conservation des asiles d'aliénés.

Les guérisons et les décès n'éteignent pas annuellement un nombre d'aliénés égal à celui des admissions, et de ce fait résulte l'accroissement incessant de la population de ces asiles.

Bien que cette loi soit générale, ses effets, par rapport aux deux sexes, diffèrent notablement. La différence entre les extinctions et les admissions est plus faible pour les hommes, chez lesquels les extinctions par décès sont plus considérables. Il résulte de là que l'accroissement annuel de la population, pour les aliénés hommes, est notablement plus faible que pour les femmes. Et ainsi s'explique, par la plus grande mortalité chez les hommes, le fait de la prédominance habituelle du nombre des femmes dans la population des asiles d'aliénés.

L'influence de cette loi sur l'augmentation graduelle du nombre des aliénés résidant dans les asiles, doit être prise en grande considération, lorsque l'on cherche à apprécier la fréquence de l'aliénation mentale, à diverses époques, dans le même pays. Cette fréquence ne peut être justement estimée que par la comparaison du chiffre annuel des admissions, et l'on s'exposerait à de graves erreurs, si l'on cherchait à l'évaluer par la comparaison de la population d'un asile à diverses époques, et même par le fait bien constaté d'une augmentation graduelle du chiffre de la population dans cet asile.

CHAPITRE TROISIÈME.

Organisation et discipline de l'Asile.

SECTION Ire. — CLASSEMENT DES MALADES.

Le classement des malades dans l'Asile des aliénés de la Seine-Inférieure est subordonné à plusieurs principes, relatifs au sexe, à la condition et à la maladie des aliénés.

1° En raison du sexe des malades, l'établissement est divisé en deux quartiers convenablement séparés, sur la limite desquels se trouvent placés les bâtiments consacrés aux services généraux. Des mesures d'ordre efficaces sont prises pour que, dans la fréquentation des localités communes, l'église, la dépense, etc., et dans le cours des travaux de culture, il n'y ait aucun point de contact entre les malades des deux sexes.

2° En raison de la condition des malades, les quartiers d'hommes et de femmes sont subdivisés en trois sections: 1° Les pensionnaires de première et deuxième classes, qui, de chaque côté, ont un quartier complètement isolé; 2° les pensionnaires de troisième classe, qui, du côté des hommes, ont un quartier distinct, qui, du côté des femmes, ont un quartier commun avec les pensionnaires de quatrième classe; 3° les malades placés d'office aux frais des communes ou du département, et de plus, du côté des hommes, les pensionnaires de quatrième classe.

3º En raison de la maladie, chaque quartier offre les subdivisions suivantes.

Infirmeries chauffées et surveillées de jour et de nuit, pour les aliénés atteints de maladies accidentelles, et pour les malades chez qui on a reconnu la disposition au suicide.

Cours avec cellules et closes, pour les malades agités.

Quartiers spéciaux pour les malades chez qui la volonté ne gouverne plus les excrétions.

Dortoirs pour les malades tranquilles.

A chacune de ces subdivisions sont affectés des chauffoirs, réfectoires et ateliers spéciaux.

Dans les cours et les dortoirs, qui sont multiples de chaque côté, les malades sont répartis en raison composée de la forme de la maladie, du degré de tranquillité, et de l'aptitude au travail.

Il y a du côté des hommes, pour les malades furieux, un quartier de force, contenant cinq loges chauffées.

SECTION II. — ORGANISATION DES SERVICES DE SECOURS MÉDICAUX ET DE SURVEILLANCE.

Le médecin en chef fait tous les jours la visite des malades dans tous les quartiers de l'établissement, et commence cette visite à 7 heures et demie du matin en été, à 8 heures en hiver. Il fait, en outre, les visites individuelles que réclame l'état des malades. Il séjourne à l'Asile tous les jours jusqu'à onze heures du matin, tous les jeudis jusqu'à midi.

Le chirurgien de l'Asile est appelé toutes les fois que les opérations de la grande chirurgie sont nécessaires.

Quatre médecins internes, résidans à l'établissement, sont chargés du service de garde à tour de rôle, des pansemens, de la tenue des cahiers et des observations, et assistent le médecin en chef dans sa visite du matin.

Une pharmacie est confiée, sous la surveillance du médecin en chef, à une sœur hospitalière. On y prépare les tisanes, les sirops, et les prescriptions magistrales; on y conserve les drogues et les préparations officinales, qui sont fournies, sur un bon du médecin, par un pharmacien de la ville.

La surveillance et le soin corporel des malades sont confiés, du côté des femmes, aux sœurs de Saint-Joseph de Cluny; du côté des hommes, à des infirmiers laïques sous les ordres d'un infirmier major.

A chaque cour, contenant terme moyen 35 malades, sont préposés, du côté des hommes, deux infirmiers, du côté des femmes, trois sœurs hospitalières.

Dans chacun des autres quartiers, les malades, suivant leur nombre, sont confiés à un, deux ou trois surveillans.

Les infirmiers couchent dans les dortoirs mêmes des malades; les sœurs hospitalières couchent dans des pièces contiguës aux dortoirs, d'où, par une croisée, elles ont vue sur les malades.

Une sœur hospitalière et un surveillant sont de service pour veiller chaque nuit dans les deux infirmeries.

Les chambres des médecins internes sont réparties dans les divers quartiers du côté des hommes, de manière à favoriser une surveillance simultanée et permanente sur toutes les parties du service.

SECTION III. — RÈGLE ET DISCIPLINE HYGIÉNIQUES.

1° *Régime alimentaire.*

La nature et la quantité des alimens distribués journellement aux aliénés de la maison de Saint-Yon, varient, indépendamment des prescriptions du médecin, suivant la classe dans laquelle les rangent les prix de pension.

Première Classe.

Pour la journée:	1° Pain bourgeois ou régence, au choix des malades.			
	2° vin	0	50	décal.
	ou cidre.	2	»	litres.
Déjeûner: . . .	1° viande de boucherie ou charcuterie.	0	25	décag.
	ou café au lait.	0	50	décal.
	ou chocolat.	0	50	id.
	2° Beurre.	0	02 h.	50
	3° Fromage.	0	04	hectog.
	4° Fruits de saison. . . .	0	25	décag.
Dîner:	1° Soupe.	0	50	décal.
	2° Viande pour bouilli. .	0	25	décag.
	3° — pour rôti. . .	0	20	id.
	ou volaille (1 fois p. sem.)	0	18	id.
	4° Légumes verts	0	18	id.
	ou — secs.	0	10	décal.
	5° Salade, d'une à 3 fois la sem., selon la saison:			
	6° Fromage.	0	04	hectog.
	7° Confitures.	0	08	id.
	8° Fruits de saison. . . .	0	25	décag.
	ou fruits secs, quantité équivalente.			

Les jours maigres, les plats de viande sont remplacés par un même nombre de plats de poisson, d'œufs ou de légumes. Cette remarque se rapporte au régime de toutes les classes.

Deuxième Classe.

Pour la journée :	1° Pain bourgeois ou régence.		
	2° Vin.	0	50 décal.
	ou cidre	2	» litres.
Déjeûner : . . .	1° Viande de boucherie ou charcuterie.	0	15 décag.
	ou café au lait. . . .	0	50 décal.
	2° Beurre.	0	02 h. 50
	3° Fromage.	0	04 hectog.
	ou fruits de saison. . .	0	20 décag.
Dîner :	1° Soupe.	0	50 décal.
	2° Viande pour bouilli. .	0	25 décag.
	ou légumes frais. . . .	0	18 id.
	ou légumes secs.	0	10 décag.
	3° Viande pour rôti. . .	0	20 décag.
	ou volaille (1 fois p. sem.)	0	16 id.
	4° Salade (une fois la sem.)		
	5° Fromage.	0	04 hectog.
	6° Confitures.	0	08 id.
	ou fruits de saison. . .	0	20 décag.

Troisième Classe.

Pour la journée :	1° Pain bourgeois.		
	2° Cidre, pour les hommes.	1 l.	50 décal.
	— pour les femmes.	1 l.	20 id.
Déjeûner : . . .	Café au lait.	0	50 décal.
ou	1° Charcuterie, deux fois par semaine.	0	10 décag.
	Fromage, cinq fois. . .	0	04 hectog.
	ou lait.	0	50 décal.

	2° Beurre.	0	02	h. 50
	ou fruits de la saison. .	0	15	décag.
Dîner :	1° Soupe.	0	50	décal.
Le dimanche,	2° viande pour bouilli et rôti.	0	40	décag.
Les aut. jours	2° Viande pour bouilli. . .	0	35	id.
	ou pour ragoût. . . .	0	17	décag. 50
	avec légumes verts. . .	0	18	décag.
	3° Légumes secs.	0	10	décal.
	ou légumes verts. . . .	0	18	décag.
	4° Fruits de saison. . . .	0	15	id.
	ou fromage.	0	04	hectog.

Quatrième Classe.

Pour la journée :	1° Pain bourgeois.			
	2° Cidre, pour les hommes.	1	»	litre.
	— pour les femmes.	0	75	décal.
Déjeûner : . . .	Lait.	0	33	centil.
	ou fromage.	0	03	hectog.
	ou beurre.	0	03	id.
	ou fruits de saison. . .	0	20	décag.

		hommes.	femmes.
Dîner :	1° Soupe.	0 50 centil.	0 50 centil.
	2° Viande pour bouilli.	0 25 décag.	0 20 décag.
	ou — pour ragoût.	0 13 id.	0 10 id.
	avec légumes verts.	0 18 id.	0 18 id.
	ou pommes de terre.	0 50 décal.	0 50 décal.
	ou légumes secs. .	0 10 id.	0 10 id.
	ou œufs fricassés. .	deux	deux.
Souper :	Charcuterie.		0 07 hectog.
	ou confitures.		0 10 décag.
	ou fromage.		0 03 hectog.
	ou fruits de saison.		0 20 décag.

Pour la distribution aux malades qui, d'après les prescriptions du médecin, ne doivent recevoir qu'une portion du régime que leur allouent les règlemens, la ration de pain est fixée à 0 kil. 75 ou à 0 kil. 60, suivant le sexe. Dans les autres cas, la distribution du pain aux aliénés se fait à chaque repas, dans les réfectoires, à proportion des besoins réels de chacun. La consommation, ainsi réglée, paraît entraîner moins de dégât.

Pendant l'année 1843, il a été consommé 0 kil. 645 de pain par personne nourrie dans l'Asile, et par jour.

2° *Vêtemens.*

Les aliénés admis gratuitement dans l'Asile, sont pourvus, aux frais de l'établissement, d'habillemens qui varient d'après la saison, comme suit :

Hommes, en hiver,

Habit veste . . . }
Gilet . . . . } de tordouet gris d'artillerie.
Pantalon.. . . . . }

Chaussons de laine, sabots.

Bonnet de coton bleu.

En été,

Habit-veste. . . . }
Gilet . . . . } de cotonnade bleue croisée.
Pantalon . . . . . }

Souliers.

Chapeau de paille.

En toute saison, chaque malade reçoit, par semaine, une chemise, une cravatte, une paire de bas, un mouchoir de poche.

Femmes, en hiver.
Robe de vestipoline olive.
Jupe idem.
Chaussons de laine et sabots.

En été.
Robe de cotonnade bleue.
Jupe idem.
Souliers.

En toute saison, chaque femme reçoit, par semaine, une chemise, une paire de bas, un mouchoir de tête, un fichu et un mouchoir de poche.

Les draps de lit sont renouvelés dans la première semaine de chaque mois. Les boites remplies de zostère, dans lesquelles sont couchés les malades dont la volonté ne règle plus les déjections, sont garnies de draps que l'on change chaque fois que le besoin s'en fait sentir.

Les aliénés des deux sexes âgés de plus de 60 ans, et ceux qui sont placés à l'infirmerie pour cause de maladie accidentelle, sont, durant l'hiver, chaussés de bas de laine.

Les femmes sont mises au bain revêtues d'un peignoir qui assure la décence. Au sortir du bain, les malades reçoivent les serviettes nécessaires pour s'essuyer avant de reprendre leurs vêtemens dans le vestiaire attenant aux salles de bains.

3° *Distribution du temps.*

Heures du lever et du coucher.

Le lever des aliénés est fixé à 5 heures et demie, en été; au point du jour, en hiver. — Ils se couchent à 8 heures, en hiver; à la fin du jour, en été.

Heures des repas.

Déjeûner, neuf heures du matin.

Dîner, pour les malades au régime commun, une heure après midi; et, pour les pensionnaires des trois premières classes, quatre heures après midi.

Souper des malades au régime commun, 6 heures du soir.

Heures du travail,

1° Depuis le lever jusqu'à neuf heures, ou jusqu'au moment de la visite du médecin en chef, pour les malades qui travaillent hors de leur emploi.

2° De dix heures du matin à une heure après midi.

3° De trois à six heures après midi.

Heures de la récréation.

1° De neuf heures un quart à dix heures du matin.

2° De une heure et demie à trois heures après midi.

3° De six heures un quart jusqu'au moment du coucher.

SECTION IV. — TRAITEMENT.

Le traitement d'une maladie qui naît le plus ordinairement sous l'influence du mal moral, soit qu'il consiste en chagrins que la raison n'a pu éviter ni soutenir, soit qu'il consiste en excès dans lesquels la raison a cédé à l'entraînement des passions, et qui consiste en un trouble permanent des facultés de l'ame, ne peut être assimilé au traitement des maladies ordinaires. On conçoit que les moyens qui agissent principalement sur l'ame, ceux qui constituent par leur ensemble ce qu'on appelle le traitement moral, déjà si puissans comme ressource accessoire toutes les fois qu'il s'agit de porter remède à une maladie humaine, doivent se présenter à la pensée comme les premiers en puissance et en efficacité dans le traitement de la folie.

Cette vérité a été connue dès la plus haute antiquité. Les règles à suivre dans le traitement moral individuel de la folie, ont été tracées par Cœlius Aurelianus avec une netteté et une portée de vues, et avec une fécondité de ressources qui ont laissé peu de chose à faire à la science moderne dans cette direction.

Mais l'institution des hôpitaux, en réunissant dans une même enceinte un nombre considérable d'insensés, a fait naître un problème inconnu aux anciens, le traitement moral général de la folie. C'est à notre époque exclusivement, à la France principalement, et surtout à l'initiative et aux travaux de notre Pinel et de notre Esquirol, qu'est due la gloire impérissable d'avoir fait tourner, au profit des malheureux insensés, les mesures mêmes que la société s'était vue forcée de prendre contre eux, d'avoir substitué, pour les fous, à l'habitation et au régime des prisonniers, l'habitation et le régime des malades, d'avoir, en un mot, posé le principe et réalisé en grande partie l'application du traitement moral général de la folie.

§ 1er *Traitement moral général.*

Une grave erreur a long-temps dominé les vues de la thérapeutique et la pratique, en ce qui concerne les fous. Elle consiste à croire que l'isolement des malades, si fréquemment conseillé comme la condition première d'un traitement efficace, doit être entendu comme s'il s'agissait de soustraire le malade à tout contact humain, à tout acte de vie sociale. Cette erreur avait conduit à ajouter, pour les fous, sous prétexte de laisser dans le repos le plus absolu l'organe malade de la pensée, à la peine de l'incarcération solitaire, l'aggravation de l'obscurité.

On a enfin compris que, s'il est de première importance pour la guérison de la folie, de soustraire le malade aux conditions ordinaires de la vie sociale, à celles dans lesquelles il a puisé sa maladie, et à celles qu'il a réalisées par suite de son délire, il n'est pas moins important, pour ramener le calme et la raison dans son ame, et pour le préparer à reprendre un jour le rôle qui lui appartient dans la vie commune, de lui créer, dans l'ordre et sous une discipline à la fois douce et sévère, des conditions d'existence préférables à celles qu'on lui a fait abandonner, mais pourtant analogues à celles qu'il doit reprendre un jour, et qui entrent nécessairement dans la destination humaine.

C'est en ce sens que l'organisation bien entendue de l'Asile même où sont reçus les aliénés, est un premier moyen de traitement moral dont la puissante influence se traduit, à propos des malades qu'on y introduit, quelquefois par une guérison presque immédiate, ordinairement par la prompte cessation de leurs manifestations les plus désordonnées.

Les habitudes d'ordre, de régularité, de propreté, de soumission, de sobriété, jointes aux conditions favorables d'un régime alimentaire et d'une habitation salubres, qui résultent pour les malades du fait de leur introduction dans un asile d'aliénés bien tenu, constituent déjà, au point de vue du traitement moral, de grandes et efficaces ressources.

On en peut réaliser de plus puissantes encore, et c'est en les créant que les médecins de la génération actuelle se sont montrés les dignes émules de leurs illustres devanciers.

Voici en quoi consistent aujourd'hui, à l'Asile de la Seine-Inférieure, les principaux de ces moyens dont l'ensemble constitue le traitement moral général de la folie.

1. *Secours de la religion.*

Les secours de la religion, si on les restreint dans ce qu'en peuvent soutenir ou comprendre de pauvres intelligences malades, sont d'une utilité et d'une importance incontestables dans un asile d'aliénés. Adoucissement des peines, résignation, satisfaction du cœur, occupation de l'esprit, moralisation, voilà les principaux effets qu'on en peut attendre, même pour des insensés.

La prière du matin et du soir est faite à haute voix dans les divers emplois.

Des livres choisis de piété font partie de ceux qui sont livrés aux malades pour les lectures communes et privées.

Des chants religieux entrent pour moitié dans les exercices musicaux.

Les offices, le dimanche et les jours de grande fête, sont suivis par les malades tranquilles dans l'église que possède l'Asile.

Jusqu'à ce moment, on a admis dans la nef de cette chapelle des personnes du dehors. Les places réservées aux malades des deux sexes, de chaque côté du chœur, avaient été suffisantes. Aujourd'hui, la place manque pour les malades. Aussitôt que la grille qui est au devant de l'entrée principale de la chapelle aura été remplacée par une clôture plus complète et plus convenable, ce sera une mesure indispensable que d'interdire l'entrée de l'église aux personnes du dehors. C'est alors seulement qu'il redeviendra possible d'y admettre et d'y placer convenablement tous les malades, qui sont capables de prendre part ou d'assister aux cérémonies religieuses.

Un aumônier, résidant dans la maison, administre aux malades du culte catholique les secours de la religion. Les aliénés qui appartiennent à l'église réformée sont visités, lorsqu'il y a lieu, par le pasteur protestant de la ville, qui, en cas de décès, préside à leur inhumation.

Le prix fixé pour l'inhumation des pensionnaires donne un léger excédant de recette, qui permet de procurer aux indigens une sépulture décente. Chacun d'eux reçoit un cercueil, et est déposé dans une fosse particulière.

2. *Travail.*

Dès le moment de la création de l'Asile, on avait pensé que les aliénés pourraient y être employés à divers travaux, puisque, dans les rapports du directeur, qui réunit les documens premiers sur l'organisation de l'établissement à la fondation duquel il présida, les pavillons des angles des constructions nouvelles, désignées sous le nom de cours, sont indiqués comme devant servir d'ouvroirs. Et, en effet, aussitôt les premiers malades reçus dans la maison, quelques-uns d'entre eux furent utilisés. Des femmes furent appliquées à des travaux de couture; quelques aliénés des deux sexes furent occupés dans leurs emplois respectifs à des travaux de ménage, ou trouvèrent accidentellement, et en petit nombre, quelques occupations dans divers services de l'établissement.

Cependant plusieurs années s'écoulèrent sans que l'on eût tiré toutes les conséquences du principe que l'on avait posé. On parut redouter de placer, aux mains d'individus dont la raison était altérée, des instrumens de travail dont ils auraient pu abuser, ou bien ce ne fut qu'occasionnellement, et par exception, que l'on osa réclamer d'eux un travail qui parût demander quelque dose d'intelligence et de soumission.

La couture seule prit de suite un développement en rapport avec les besoins de la maison, et employa à peu près la totalité des aliénées paisibles qui avaient quelque habitude préalable des travaux d'aiguille.

Cet état persista jusqu'au commencement de l'année 1830. A cette époque, il fut, sur la proposition du médecin en chef de l'asile, donné plus d'extension et de fixité aux occupations des malades; il fut décidé que les travaux de jardinage seraient confiés aux hommes, et ceux de blanchissage aux femmes ; et que les uns et les autres seraient, en aussi grand nombre que possible, et suivant leur aptitude, appliqués à des travaux profitables à l'établissement.

Un arrêté de préfecture, du 22 mars 1830, statua qu'il serait accordé, à chacun des aliénés, dix centimes par jour de travail, à titre de gratification.

De 1840 à 1843, après quelques années, où la proportion des journées de travail fournie pour la population aliénée de la maison, avait quelque peu faibli, de nouveaux élémens de travail, surtout pour les hommes, sont venus favoriser un rapide développement de cette utile institution.

Aujourd'hui, une très forte portion de la population de l'Asile est habituellement employée à des occupations profitables aux interêts économiques de la maison, mais bien plus profitables encore aux malheureux qu'elle renferme.

Les aliénés, par cela seul qu'ils prennent part à des travaux qui captivent plus ou moins leur attention et exercent leurs forces musculaires, sont arrachés à l'obsession incessante d'idées fixes qui font, chez le plus grand nombre, le tourment de leur existence, entretiennent leur mal, ou fomentent de nouveaux accès. Le sommeil est, chez eux, la conséquence de l'exercice du corps et du repos relatif dans lequel une heureuse distraction laisse celles de leurs facultés morales qui sont surexcitées.

C'est là un immense avantage du travail, qui tend ainsi à faciliter le rétablissement des aliénés curables, et à porter le calme dans l'esprit de ceux dont la guérison ne doit plus être espérée. Mais il a encore cette autre utilité inappréciable de bannir des maisons d'aliénés où il est en vigueur, en même temps que l'oisiveté, les vices honteux qui en sont la conséquence inséparable dans les grandes réunions d'hommes voués au désœuvrement.

Les habitudes d'ordre et de soumission que réclament des aliénés les occupations auxquelles ils sont soumis, contribuent considérablement, concurrement avec les autres moyens dont le médecin sait disposer dans les établissemens bien administrés, à répandre et à entretenir, de nos jours, dans les maisons de fous, la tranquillité et la régularité d'existence que les visiteurs de l'Asile de la Seine-Inférieure y remarquent toujours avec surprise. Ce calme n'est pas seulement, on le comprend, dans l'intérêt du bon ordre de l'établissement, il est une condition essentielle du bien-être de la population, en même temps qu'il en est un témoignage irrécusable.

Le tableau n° 6 constate les développemens successifs qu'a pris, à Saint-Yon, l'institution du travail, depuis 1830 jusqu'à 1843. Quelques mots suffiront pour compléter les renseignemens désirables sur ce sujet.

Comme on le voit par les premières colonnes du tableau, les hommes sont exclusivement employés aux travaux de jardinage et de terrassement, qui, dans les dernières années, ont pris une grande extension. Ils sont aussi exclusivement employés au bûcher, pour scier, fendre et transporter le bois de chauffage, emmagasiner et livrer le charbon de terre aux divers emplois,

Quelques-uns peuvent être utilisés aux travaux de menuiserie, serrurerie, tour, peinture en bâtimens, et, au besoin, employés comme manouvriers près des maçons. D'autres sont encore aujourd'hui occupés à confectionner des paillassons, des chapeaux de paille et des chaussons en coton. Les deux premières de ces industries sont déjà assez développées pour suffire aux besoins de la maison ; la dernière arrivera prochainement au même résultat.

Un petit nombre d'hommes, en raison de leur industrie antérieure, sont appliqués à la couture des habillemens ; mais cette occupation est surtout celle des femmes, dont le travail a toujours suffi à confectionner et raccommoder la totalité du linge et des vêtemens de la maison.

Les soins du ménage et de propreté, les lits à faire, les dortoirs et réfectoires à laver, balayer ; la vaisselle à nétoyer, écurer, etc., fournissent de nombreuses occasions d'utiliser, sous la direction et avec l'assistance des gens de service, des aliénés quelquefois peu aptes à tout autre travail. — Cette sorte d'occupation est d'ailleurs commune aux deux sexes. — Les sœurs, comme les infirmiers, dans leurs emplois respectifs, trouvent assistance dans les aliénés confiés à leurs soins.

Aux femmes sont exclusivement dévolus les travaux de blanchissage. Tout le linge de l'établissement est blanchi par leurs mains, et sous la direction des religieuses.

Quelques malades moins adroites sont employées à ouvrir, à la main, la laine à matelas, de manière à remplacer utilement le cardage.

Le rapport qu'on a établi dans les dernières colonnes du tableau dont il vient d'être parlé, entre les journées de travail et les journées de résidence, donne par induction et avec quelque approximation, le nombre habituel des travailleurs. Toutefois, il est bon d'observer que ce document, relevé sur les états de solde du travail, ne tient aucun compte des pensionnaires de l'établissement, qui n'y figurent pas, lors même qu'ils s'adonnent à quelques travaux manuels, et que le nombre des jours fériés et de maladie accidentelle diminue nécessairement la proportion des journées de travail rapprochées des journées de résidence.

Pour donner une idée plus précise du nombre des aliénés que l'on trouve moyen d'appliquer utilement au travail dans la maison de Saint-Yon, il paraît à propos de présenter, d'après les états de solde dont il vient d'être question, le chiffre des travailleurs de chaque sexe, pendant l'année 1843, la dernière de la période qu'embrasse cette notice.

Janvier.	Travailleurs	244	Hommes	92	Femmes	152
Février.	—	244	—	91	—	153
Mars.	—	246	—	90	—	156
Avril.	—	263	—	97	—	166
Mai.	—	271	—	116	—	155
Juin.	—	272	—	115	—	157
Juillet.	—	280	—	119	—	161
Août.	—	282	—	120	—	162
Septembre.	—	303	—	132	—	171
Octobre.	—	300	—	132	—	168
Novembre.	—	306	—	129	—	177
Décembre.	—	304	—	141	—	163

Le terme moyen pour l'année 1843 est de 276 travailleurs. La population moyenne de l'Asile, pendant cette même année, est de 625 aliénés. La proportion des travailleurs aux malades est d'un peu plus de 3 sur 7; autrement de 441 sur 1000.

Il est intéressant de rechercher la valeur des travaux exécutés par les aliénés, afin de connaître jusqu'à quel point ils peuvent être profitables aux établissemens qui sont chargés de leur entretien. On donne ici l'évaluation qui a été essayée, à la demande de M. le Ministre de l'Intérieur, des travaux ainsi effectués en 1843, dans la maison de Saint-Yon.

Pour arriver à une appréciation, on est parti de bases différentes suivant la nature des travaux et la possibilité de trouver des termes de comparaison dans des ouvrages exécutés dans les conditions ordinaires.

Toutes les estimations ont été faites avec beaucoup de modération.

Couture. — D'après les notes tenues à la lingerie de la Maison, 7039 pièces de lingerie de toute nature, y compris les vestes et pantalons des aliénés aussi bien que les robes des femmes, ont été confectionnées dans l'Asile. Multipliant le nombre de chacun des articles par les prix les plus ordinaires d'ouvrages semblables exécutés en ville, on trouve un total de 2837 fr., pour confection d'objets neufs de lingerie, c'est environ fr. 0. 40 $^{3}/_{10}$ par pièce. 56,604 articles de vestiaire et de lingerie ont été raccommodés dans la même année ; en estimant chaque raccommodage à 10 c., on obtient un total de 6,560 fr., pour cet objet, et une somme de 8,497 fr. pour valeur de l'ensemble des travaux de couture.

Blanchissage. -- En 1829, dernière année où le linge de l'établissement ait été blanchi par des ouvrières du dehors, il a été payé, pour prix de journées employées en lavage du linge de 365 malades, taux moyen de la population de cette année, 5,212 fr. 71 ; d'après le même mode d'opérer, le blanchissage, en 1843, pour une population moyenne de 625 aliénés, eut occasionné une dépense de 8,920 fr.

Matelasserie. – Quelques femmes ont été employées à ouvrir à la main la laine de 164 matelas, pour chacun desquels il eut fallu payer 0. 75 ; c'est donc un produit de 123 fr.

Travaux divers. Les aliénés des deux sexes sont utilisés dans les différens emplois, aux travaux du ménage, à la cuisine, au service des bains et à d'autres besognes ; l'aide qu'ils prêtent diminue le nombre des gens de service, mais est peu susceptible d'une évaluation directe et précise. On estime la journée d'une femme employée de la sorte, à 0. 25, celle d'un homme, à 0. 30. D'après cette base, la valeur de cette nature de travaux s'élève en totalité à 4,746 fr.

Jardinage. — La principale occupation pour les hommes est celle du travail de la terre, soit comme terrassement, soit comme culture proprement dite des jardins.

D'énormes travaux de terrassement ont été exécutés depuis cinq à six ans dans l'Établissement, pour défoncer et renouveler, en grande partie, le sol cultivable. Ces travaux, qu'il a surtout été possible d'établir sur une grande échelle et avec beaucoup d'utilité, depuis l'adjonction des nouveaux terrains acquis pour le département, augmenteront, dans une proportion extrêmement considérable, la faculté productive d'un sol naturellement très ingrat. La belle végétation des légumes et des arbres fruitiers, dans la portion déjà amendée, promet, dans quelques années, un ample dédommagement à des travaux qui ont, en outre, l'avantage d'être immédiatement utiles aux aliénés dont ils occupent les bras.

Les mouvemens de terre ont donné, en 1843, ce résultat : Déblai 4825 mètres cubes, remblai 2727 mètres cubes. Le déblai nécessite le passage au crible de la plus grande partie du terrain, et le remblai, le mélange préalable des terres qui y sont employées. En estimant ce travail à 1 f. 25 le mètre cube, prix extrêmement modéré, on obtient pour valeur totale de ces terrassemens, 9,441 fr.

La culture proprement dite des jardins, dans leur état actuel, exigerait, au *minimum*, l'emploi additionnel de six ouvriers à la journée, soit une dépense de 6,050 fr.

Bûcher. — En tenant compte du nombre de stères de bois

emmagasiné, scié, cassé pour les aliénés, de la quantité de charbon de terre emmagasiné par eux, du prix courant payé pour ces travaux ; en tenant compte également du nouveau travail de mesurage et de distribution aux divers emplois de la maison, on est autorisé à estimer à 507 fr. la valeur des travaux de bûcher exécutés par les aliénés.

Fabrication de chaussons, paillassons et chapeaux de paille. —La main-d'œuvre employée à la confection de 109 chapeaux de paille, de 258 paires de chaussons en coton, et de 61 grands paillassons, paraît pouvoir être estimée à 361 fr.

Bâtimens. — La plupart des malades employés aux travaux de serrurerie, menuiserie, tour, peinture ou maçonnerie, avaient pratiqué ces travaux ou des travaux analogues, ce qui rend leur travail généralement bon et profitable. Le prix réel de la journée doit être porté plus haut pour eux que pour les aliénés qui sont utilisés comme gens de peine ; on croit être au-dessous de la réalité, en évaluant, en moyenne, ce prix de journée à 0 f. 60 c. A ce taux on obtient, pour 2,178 journées, une valeur totale de 1306 fr.

En récapitulant la valeur approximative des travaux exécutés dans l'Asile par les aliénés, pendant l'année 1843, on trouve ce qui suit :

Hommes.

Travaux de jardinage ; terrassemens.	9,441	13,491 f.	»
— Culture.	4,050		
Bûcher		507	»
Bâtimens		1,306	»
Chapeaux, chaussons et paillassons.		361	»
Travaux de couture		114	»
— divers		2,738	»
Total		18,517 f.	»

Femmes.

Travaux de couture ; objets neufs ... 2,723 — Raccommodage. 5,660	8,383 f.	»
Blanchissage	8,920	»
Matelasserie	123	»
Travaux divers	2,008	»
	19,434 f.	»

Le total, pour les hommes, est de..	18,517	»
pour les femmes, de....	19,434	»
Total général....	37,951 f.	»

Si l'on cherche à tenir compte des dépenses effectivement faites pour obtenir ces travaux, on trouve que, pour surveiller et diriger les travaux du côté des femmes, il est employé quatre sœurs, deux à la buanderie, et deux dans les ateliers de couture, lesquelles, à 600 fr. l'une, occasionnent une dépense de 2,400 fr.

Pour la surveillance et la direction du travail chez les hommes, il est employé deux infirmiers, lesquels, à 700 fr. l'un, occasionnent une dépense de 1400 fr.

Retranchant ces deux sommes du produit donné par le travail des aliénés, on a :

Pour les hommes..............	17,117 f.	»
Pour les femmes	17,034	»
Ensemble	34,151 f.	»

La dépense en argent que s'impose l'Asile pour rétribution du travail fait par les aliénés, s'est élevée, suivant le compte de 1843, à....... 7,135 f. 30 c.

Par conséquent, le boni de l'Asile est de.... 27,015 f. 70 c.

En résumé, depuis le jour où les murs des cachots des aliénés s'écroulèrent sous les généreux efforts du docteur Pinel, et où leurs chaînes furent brisées à sa voix, rien n'a été fait qui ait autant amélioré la condition de ces infortunés, et les ait autant rapprochés de la position des hommes raisonnables, que l'habitude prise d'appliquer à des travaux utiles ce qui leur reste d'énergie physique et de facultés morales. — Cette belle institution, qui concilie admirablement les intérêts des aliénés et ceux des Asiles qui les secourent, a fait, à Saint-Yon, de grands progrès et s'y développe tous les jours davantage ; c'est un des faits qui témoignent en faveur de la bonté de l'organisation de l'établissement.

3. *Distractions.*

Récréations. — Au moment des récréations, les malades se promènent dans les cours et jardins, ou sous les galeries couvertes. D'autres se réunissent pour jouer aux dames, aux dominos, aux cartes, à la raquette, au tonneau. Les pensionnaires de première classe, du côté des hommes, ont à leur disposition un billard.

Les pensionnaires à la personne desquelles un surveillant spécial est attaché, font de temps à autre des promenades dans la campagne, en compagnie de leurs surveillans.

Des promenades en commun ont été quelquefois accordées à un certain nombre de femmes non pensionnaires, mais elles leur ont été refusées depuis l'évasion d'une malade pendant une de ces promenades.

Exercices intellectuels. — Pendant le cours de l'année 1841, le médecin de l'Asile a réalisé le projet qu'il avait formé d'ajouter aux moyens destinés à discipliner, moraliser et distraire les aliénés, des exercices intellectuels consistant en lectures privées et communes, et en exercices de chant.

Les succès obtenus dès les premiers essais, ont convaincu l'administration supérieure de l'utilité d'une telle institution.

Une somme annuelle de 100 fr. a été allouée pour la formation d'une bibliothèque à l'usage des aliénés, et des fonds ont été consacrés à rémunérer un professeur de chant, et à faire les frais de deux concerts annuels.

Lectures. — Des lectures en commun se font à haute voix par les aliénés dans chaque emploi. Pour les femmes, ces lectures se font dans les ateliers de travail, chaque jour, pendant une heure. Pour les hommes, elles se font dans les chauffoirs-réfectoires, chaque soir, pendant une heure après la cessation du travail.

Plusieurs aliénés lisent très bien ; quelques-uns donnent à l'intonation et à l'expression beaucoup de justesse ; tous observent un silence parfait ; beaucoup prêtent une attention soutenue, et prennent un véritable intérêt au sujet de la lecture.

Les livres sont choisis parmi les chefs-d'œuvre de la littérature française et étrangère, et parmi les ouvrages destinés à l'éducation. Aux livres de religion, de morale, d'histoire, de voyages, on joint un choix de poésies, de tragédies, de comédies, de contes et de romans. Des livres sont confiés aux malades tranquilles qui désirent lire en particulier dans leurs momens de loisir. En général, les malades prennent beaucoup de soin des livres qu'on leur prête, et très rarement il s'en trouve de perdus ou de déchirés.

Chant ; messes en musique et concerts. — Les exercices de chant ont parfaitement réussi ; ils constituent, pour un certain nombre de malades, une occupation intellectuelle et une distraction agréable qui se reproduisent une fois par semaine. Ils deviennent, deux fois par an, pour l'immense majorité des malades, l'occasion d'une véritable fête dont ils se préoccupent agréablement à l'avance, et dont ils gardent un doux souvenir.

Le professeur de chant donne chaque semaine deux leçons de musique vocale, une pour les hommes, une pour les femmes. 30 malades environ de chaque côté assistent à la leçon, et 20 prennent aux exercices de chant une part soutenue.

Le professeur enseigne aux malades les principes élémentaires de la musique, et leur fait apprendre, surtout empiriquement, divers morceaux de chant. Une part égale est assignée, dans le choix des morceaux, à la musique religieuse et à la musique profane.

On enseigne aux malades des morceaux concertans à deux ou trois voix : les hommes sont chargés de deux parties, et les femmes de la troisième. On leur enseigne séparément ces parties ; puis, quand elles sont isolément sues, on réunit les malades des deux sexes dans une salle commune, pour répéter et exécuter l'ensemble des morceaux.

C'est ainsi que, pendant chaque moitié de l'année, on prépare l'exécution d'une messe en musique qui est célébrée dans la chapelle de l'établissement vers Pâques, et d'un concert qui est exécuté dans une des salles de l'Asile à la fin de l'été. Un orchestre d'instrumentistes payés, auxquels s'adjoignent, avec un louable empressement, des amateurs distingués, accompagnent le chant, et exécutent des symphonies et des ouvertures.

Déjà trois concerts ont eu lieu et deux messes ont été exécutées. L'exécution des morceaux de chant a été réellement satisfaisante, et on a pu constater un progrès sensible d'une année à l'autre. Pendant toute la durée de ces solennités musicales, le calme et l'ordre le plus parfait, le silence le plus absolu ont regné dans une assemblée de plus de trois cents aliénés des deux sexes; et, chaque fois, on a pu saisir sur tous ces visages si attentifs, si radieux ou si recueillis, l'expression franche et vive des plus douces émotions, au moment où elles se produisaient, et recueillir ensuite, de la bouche même des malades, la preuve qu'aux manifestations extérieures correspondaient des sentimens intérieurs réels et vrais, dont le souvenir est gardé par eux avec bonheur.

Ces résultats, qui attestent hautement l'excellence des nouvelles méthodes, en ce qui concerne l'art de gouverner les aliénés, ne sont pas moins décisifs en faveur des avantages qu'on peut attendre de la musique, employée comme moyen de moralisation et de récréation.

Les exagérations dans lesquelles un premier moment d'engouement a entraîné quelques hommes dont le zèle était louable pourtant, et qui ont provoqué, dans l'esprit public et dans certains corps constitués, une réaction défavorable aux innovations tentées à propos des exercices intellectuels dans les établissemens d'aliénés, ne peuvent être raisonnablement considérées que comme l'abus d'une excellente chose. Restreints dans les limites de ce qui convient à des malades d'esprit, ces exercices ont une grande utilité, et ils devront désormais entrer comme élément nécessaire dans l'ensemble des moyens qui constituent le traitement moral général de la folie.

4. *Visites des parens et amis.*

Les visites des parens et amis ne sont permises que sur un ordre écrit du médecin ou de l'interne de service, soumis au visa du directeur. Généralement les visites ne sont permises, pour les malades en traitement, qu'à une époque voisine de la convalescence. Toujours elles sont surveillées dans leurs effets. Les consolations que les malades peuvent retirer des relations de famille ou d'amitié, sont une source précieuse comme moyen de traitement, mais exigent, dans leur emploi, beaucoup de circonspection et de discernement.

Quant aux malades incurables, les visites sont permises toutes les fois qu'un état actuel d'agitation chez le malade n'y apporte pas obstacle.

Les parens des pensionnaires de première et de deuxième classe sont admis à les visiter dans leurs chambres. Des parloirs sont destinés pour les autres catégories de malades.

Un jardin qui occupe le centre du corps principal des bâtimens, est destiné à servir de promenade aux visiteurs et aux malades, dans les beaux jours.

Le jeudi est le jour consacré aux visites pour les personnes qui ont leur résidence à Rouen. Les parens et amis, étrangers à la ville, sont reçus les autres jours de la semaine, les dimanches exceptés.

Tous les mois pour les pensionnaires de première, de deuxième et de troisième classe, tous les trois mois pour les pensionnaires de quatrième classe, des bulletins constatant l'état des malades sont adressés par le médecin à leurs familles.

5. *Discipline morale.*

On a, dans ces derniers temps, préconisé avec raison les bienfaits du traitement moral dans la folie, et on a cherché à mettre en honneur une méthode dans laquelle l'intimidation joue le rôle principal. Il est incontestable que l'intimidation a une grande importance comme moyen de discipliner et d'amender les aliénés. Il est certain qu'elle peut faire cesser, chez les malades, les manifestations extérieures du délire, et préparer ainsi le retour à la raison. Mais il n'est pas moins vrai qu'elle est impuissante à supprimer directement le délire, et à faire renoncer réellement les malades à leurs conceptions extravagantes.

L'intimidation doit entrer comme moyen dans le gouvernement des aliénés, mais là, plus encore que dans les sociétés ordinaires, elle doit être tempérée par la bienveillance, et appuyée sur la justice. On ne saurait croire, à moins que de l'avoir éprouvé, jusqu'à quel point de pauvres insensés sont capables de reconnaître, dans ceux qui les gouvernent, les sentimens de bienveillance et d'équité qui les animent, et combien l'obéissance et la soumission leur sont faciles, quand elles leur sont imposées par un homme qu'ils savent dévoué à leurs intérêts.

L'ordre et la régularité dans tous les actes de la vie commune et privée, la répression immédiate et incessante des fautes de toute espèce et du désordre sous toutes ses formes, l'assujettissement au silence et au repos pendant certains temps déterminés, l'imposition du travail à tous les individus qui en sont capables, la communauté des repas, les récréations à heure fixe et à durée déterminée, l'interdiction des jeux qui excitent les passions et entretiennent la paresse, et, par-dessus tout, l'action du médecin imposant la soumission, l'affection et le respect, par son intervention dans tout ce qui touche à la vie morale des aliénés : tels sont les moyens de traitement moral, qui ne peuvent être employés que dans les maisons spéciales destinées au traitement de la folie, qui donnent au traitement appliqué dans ces maisons une supériorité incontestable relativement au traitement appliqué à domicile.

Voici quelques-uns des faits généraux les plus propres à donner une idée des effets de discipline morale qui ont été obtenus à l'Asile de la Seine-Inférieure, par l'emploi de cette méthode.

Tous les malades prennent leur repas en commun.

Tous viennent, à la voix des surveillans, se mettre en rang pour être passés en visite, les hommes debout, les femmes assises, et tous gardent, pendant toute la durée de la visite, le repos et le silence.

Les vêtemens sont maintenus propres et en bon ordre, depuis la coiffure jusqu'aux chaussures, dont les cordons doivent être noués et les quartiers relevés. Point de décoration, point de costumes excentriques, ni d'accoutremens bizarres.

On exige que leurs cheveux soient peignés, leurs mains et leur visage lavés.

Un grand nombre de malades commencent leur journée par faire leur lit. Bientôt, ce travail sera obtenu de tous les malades qui en sont capables.

Les malades, pendant la visite, quels que soient le nombre et la qualité des personnes qui accompagnent le médecin, s'abstiennent de toutes réclamations et de toute importunité.

Il leur est également interdit d'aborder, dans les cours, le médecin, les employés et les visiteurs.

Il leur est défendu d'écrire sur les murailles.

Du côté des hommes, des baquets placés dans des lieux convenables, assurent la propreté et la décence.

L'emploi de la camisole devient de jour en jour plus rare. Du côté des hommes, elle n'est employée qu'accidentellement comme punition, et comme moyen de prévenir le suicide ou de mettre obstacle aux habitudes dépravées. Du côté des femmes, elle est employée pour les forcer à garder leurs vêtemens, pour mettre obstacle aux actes de violence ou aux habitudes immorales, et aussi comme punition. La moyenne du nombre des camisoles s'est abaissée au chiffre 8 sur 640 malades : 1 sur 260 hommes, 7 sur 380 femmes.

Jusqu'alors il a été impossible de renoncer à enfermer temporairement dans des cellules de force, et à coucher nus dans la paille, certains hommes qui, dans leurs accès de manie furieuse, déchirent tout : vêtement, literies, camisoles. Les cinq loges de force, chauffées pendant l'hiver, ont constamment suffi pour le placement de ces malades ; le plus souvent elles n'ont pas été toutes occupées, et assez souvent elles sont demeurées toutes inoccupées.

Les rixes sont rares et sévèrement reprimées.

Rarement quelques malades s'abandonnent au penchant de la destruction, si exalté chez les fous. Il est rare qu'ils salissent leurs loges.

Il est très rare que l'on soit forcé de recourir à l'emploi de la sonde œsophagienne pour nourrir les aliénés; on triomphe habituellement de leur obstination par la persuasion et le traitement.

Les moyens de punition et de répression sont les suivans :

1° La réprimande ;

2° La privation de la promenade libre dans les jardins, et des autres récréations ;

3° La privation des visites des parens et amis ;

4° La privation du travail ;

5° La privation de certaines douceurs de régime alimentaire;

6° La camisole ;

7° La réclusion pour un ou plusieurs jours dans une cellule;

8° Le bain avec éponge ;

9° Le bain d'affusion ;

10° La douche ;

11° Le moxa.

La réprimande, le bain avec éponge, le bain d'affusion, et les privations, sont les moyens de répression le plus fréquemment employés contre les fautes, et ont en même temps l'avantage d'être des moyens de traitement contre la maladie.

Le bain avec éponge n'est employé comme moyen de répression que pour les malades qui ne sont plus en traitement. La durée du bain avec éponge est généralement de deux heures dans la saison chaude, d'une heure et demie dans la saison froide. Le bain d'affusion, dont la température est rendue variable de 24 à 16° centigrades, est employé beaucoup plus fréquemment dans les mois chauds que dans les mois froids, et est plus souvent un moyen de répression et de punition qu'un moyen de traitement. La douche, qui est toujours administrée avec beaucoup de précautions et de modération, et qui, depuis l'entrée en fonctions du médecin actuel, n'a donné lieu à aucun accident fâcheux, est exclusivement employée comme moyen de punition pour les fautes graves, notamment pour les actes de violence.

La quantité des bains avec éponge, des bains d'affusion et des douches a été évaluée, terme moyen, en 1841, sur 550 malades, aux chiffres suivans :

		Hommes.	Femmes.	D. sexes.
Bains avec éponge,	par jour....	25	35	60.
-	par mois	750	1050	1800.
Bains d'affusion....	par mois	20	30	50.
Douches.........	par mois	3	2	5.

Le moxa n'est employé que dans quelques circonstances exceptionnelles, où il est à la fois un moyen de traitement et de coaction, dans les cas, par exemple, de tentatives de suicide, par inanition volontaire.

Les malades sont constamment traités avec bienveillance et douceur. Tout écart des surveillans, à propos de cette règle, est sévèrement réprimé.

Toutes les fois qu'un malade en faute témoigne du repentir, et s'engage à mieux se conduire à l'avenir, la punition est adoucie, ou même entièrement remise. Les actes de violence entre malades sont les seules fautes pour lesquelles il n'y a jamais de pardon.

§ 2. *Traitement moral individuel.*

Le traitement moral individuel consiste dans l'emploi de toutes les ressources que l'expérience et la science ont fait reconnaître comme propres à porter soulagement aux peines des insensés, et à porter remède au trouble de leur esprit. Ce n'est pas dans une notice statistique qu'il est possible d'exposer, avec quelque détail, ni les ressources que le médecin peut trouver dans la science et aussi dans son cœur aussi bien que dans son esprit, ni les règles générales qu'il doit suivre dans cette mission aussi difficile que délicate. Il suffira de remarquer ici, d'une manière générale, que les ressources du traitement moral général doivent être, dans leur application aux individus, appropriées, et à leur caractère, et à la nature de leur délire. Quant aux règles, elles peuvent se résumer de la manière la plus générale en celles qui sont à l'usage des pères et des tuteurs, pour la direction morale des enfans et des mineurs. La principale source de l'influence morale qui peut être exercée sur les aliénés, est dans l'amour intelligent qu'on leur porte et qu'on leur témoigne.

§ 3. *Traitement médical.*

Moins encore que le traitement moral individuel, le traitement médical ne peut être le sujet de développemens dans un ouvrage de cette nature. On se bornera donc à indiquer ici quelques-uns des principes qui dirigent la pratique du médecin, à l'Asile de la Seine-Inférieure.

A propos de chacun des malades, la détermination du traitement médical à appliquer, est un problème complexe pour la solution duquel il ne suffit pas de tenir compte de la forme et de l'époque de la maladie. La considération de l'âge, du sexe, de la constitution, et surtout des prédispositions et des causes, est d'une grande importance dans le choix des méthodes et des remèdes, et introduit de nombreuses variétés dans le traitement.

En ce qui concerne ces indications particulières et individuelles du traitement médical, il est absolument impossible d'entrer ici dans aucuns détails.

Quant aux indications générales et communes, celles qui se rapportent à la nature même de la folie, de ses formes et de ses complications, une idée générale de ce qui se pratique à l'Asile peut être donnée en peu de mots.

Les bains tièdes avec application d'eau froide sur la tête, et les bains d'affusion, répétés une, deux et trois fois par jour pendant un plus ou moins grand nombre de jours, constituent la principale ressource du traitement curatif de la folie aiguë et du traitement palliatif de la folie chronique. Les bains tièdes avec applications froides réussissent mieux dans la folie maniaque ; les bains d'affusion sont surtout utiles dans la folie mélancolique.

La folie maniaque revêt assez fréquemment une forme qui la rapproche des affections inflammatoires du cerveau et de ses enveloppes. La méthode antiphlogistique est, dans ces cas, indiquée. Les évacuations sanguines par la saignée, par les sangsues, par les ventouses scarifiées, ont alors une incontestable utilité.

Les évacuations sanguines sont encore souvent très propres à calmer les accès d'agitation qui se rencontrent dans les autres formes de la folie aiguë et dans la folie chronique. Les évacuations sanguines, à la condition d'être appropriées, pour leur quantité et pour leur fréquence, à la constitution et aux forces des malades, n'ont pas l'inconvénient qu'on leur reproche trop généralement de favoriser le passage à la démence.

S'il est, en général, fort important de régler le régime des malades en traitement, et pour la quantité et pour la qualité des alimens, il est fort rare que l'abstinence soit utile. L'abstinence entretient l'excitation nerveuse et favorise l'épuisement. Souvent l'état des malades qu'on amène dans les Asiles a été évidemment aggravé par les pertes de sang excessives et par l'abstinence prolongée auxquels ils ont été soumis.

L'emploi judicieux et opportun des purgatifs, des calmans et des exutoires est d'une grande ressource dans le traitement de la folie. Pour satisfaire à ces indications, les remèdes les plus ordinaires sont parfaitement suffisans.

La longue liste des médicamens dont l'usage a été préconisé à diverses époques contre la folie en général, et quelques-uns de ses symptômes en particulier, pourrait bien n'être qu'un luxe à peu près inutile.

Lorsque la folie menace de se compliquer de paralysie générale, et lorsque cette complication existe, le traitement, qui laisse d'ailleurs peu de chances de guérison, doit être celui des inflammations chroniques ; car, la maladie consiste

alors en une inflammation chronique de la couche corticale et des enveloppes du cerveau.

Somme toute, le traitement médical, plus simple et moins puissant qu'on ne l'a souvent admis, n'a généralement toute son efficacité qu'à la condition du concours du traitement moral individuel. et, plus encore peut-être, du concours du traitement moral général. L'impuissance si fréquente du médecin dans les traitemens entrepris à domicile, même lorsque les conditions les plus favorables et les mieux entendues se trouvent réalisées, atteste hautement ce fait, et est un motif puissant d'encouragement pour les gouvernemens, pour les administrations, pour les associations charitables et pour les médecins d'aliénés, qui font concourir leurs efforts à fonder et à perfectionner des maisons spécialement destinées au traitement de la folie.

SECTION V. — POPULATION DE L'ASILE CONSIDÉRÉE AU POINT DE VUE ADMINISTRATIF.

§ 1. *Conditions d'admission. — Prix de pension.*

L'Asile de la Seine-Inférieure, bien que fondé long-temps avant la loi du 30 juin 1838, s'est trouvé, dès l'origine, avoir pourvu aux obligations principales que celle-ci devait prescrire treize années plus tard aux départemens.

Ainsi, l'établissement était plus spécialement créé dans l'intérêt des aliénés indigens de la Seine-Inférieure ; mais, en même temps, des places étaient réservées aux aliénés des départemens voisins, qui, n'ayant pas d'asile particulier, contractaient l'obligation de payer les frais d'entretien de leurs malades à Saint-Yon.

Pareillement, le Ministère de la guerre a toujours profité de l'Asile pour y faire soigner les militaires aliénés appartenant aux garnisons de Rouen et des villes environnantes.

Enfin, des places furent tenues, moyennant prix de pension, à la disposition des familles aisées, admises à participer, pour le traitement de ceux de leurs membres qui se trouvaient atteints d'aliénation mentale, aux avantages qu'offrait une maison où l'on avait tâché de réunir les conditions les plus favorables à la curation de la folie.

Les conditions d'admission sont déterminées, pour chacune des catégories de malades, par la loi du 30 juin 1838, art. 8, 18, 19 et 25.

Voici quels sont les prix de pension :

Aliénés appartenant à des familles aisées.

L'arrêté de Préfecture du 1er mars 1826, qui continua de régir l'établissement jusqu'à la promulgation de la loi sur les aliénés, avait fixé le taux des pensions à 450 fr., 650, 975 et 1,300 fr. Révisées en 1831, et 1835, elles ont été établies comme suit :

1re classe	. . . .	1,500 fr.
2e classe	. . . .	1,000 fr.
3e classe	. . . .	650 fr.
4e classe	pour les aliénés étrangers au département.	450 fr.
	p. les aliénés du départ. de la Seine-Infér.	400 fr.

Cette fixation est encore en usage aujourd'hui ; seulement, pour se conformer aux instructions ministérielles qui prescrivent à tous les établissemens un mode uniforme de compter, on a converti les pensions annuelles en prix de journées, savoir : 1re Classe, 4 fr. 11; — 2e, 2 fr. 74; — 3e, 1 fr. 78; — 4e, 1 fr. 23 et 1 fr. 10.

Les familles de ces malades doivent en outre fournir les vêtemens et le linge à leur usage.

Militaires aliénés.

Le prix de journées des militaires est :
pour les officiers, de . . . . 1 fr. 75.
pour les sous-officiers et soldats, de. . . . . 1 35.

Aliénés entretenus aux frais des départemens étrangers.

Les malades que les départemens voisins placent à Saint-Yon, y sont traités moyennant 1 fr. 23 par jour, soit 450 fr. par an.

Aliénés indigens.

Les frais d'entretien des aliénés domiciliés dans le département de la Seine-Inférieure, et qui, vu leur état d'indigence et celui de leurs familles, ne peuvent acquitter en totalité la pension exigée des riches, sont supportés, suivant les cas, par un ou plusieurs des fonds suivans :

1° *Fonds des aliénés ou de leurs familles.* — Lorsque l'aliéné personnellement, ou sa famille pour lui, ne peut disposer que d'une somme inférieure au prix de la pension la plus faible, il lui est fait, par arrêté du Préfet, remise d'une partie de ce prix ; dont le surplus seulement demeure à sa charge ou à celle de ses parens.

2° *Fonds des hospices.* — Antérieurement à la loi du 30 juin 1838, les hospices étaient tenus de verser annuellement à la caisse de l'Asile 350 fr. pour frais d'entretien dans l'établissement de chacun des aliénés de leur ressort.

L'article 28, § 2 de la loi de 1838 dit que : « les hospices seront tenus à une indemnité proportionnée au nombre des aliénés dont le traitement ou l'entretien était à leur charge, et qui seraient placés dans un établissement spécial d'aliénés. »

En exécution de cette disposition de la loi, l'indemnité de 350 fr. par an, soit 0.96 c. par jour, que payaient, pour chacun de leurs aliénés, les hospices de la Seine-Inférieure, a d'abord été maintenue à son taux primitif. Cependant, deux de ces établissemens, croyant qu'il était fait une application inexacte de la loi, ont réclamé. Cette contestation a été soumise au Conseil de préfecture, puis portée devant le Conseil d'état, qui, par son arrêt du mois de décembre 1843, a déchargé les hospices de Rouen de tout concours dans les dépenses d'entretien à l'Asile des aliénés de leur ressort. L'action intentée pour les hospices de Dieppe n'a pas encore reçu de solution.

Les hospices du Havre, d'Eu, de Caudebec et de Montivilliers, dont la position paraît n'être pas la même, n'ont élevé aucune réclamation.

3° *Fonds des communes.* — Antérieurement à la loi sur les aliénés, la part contributive des communes avait été fixée, par l'arrêté de préfecture précité, à 350 fr. par an, pour chaque aliéné ; les communes dont le budget offrait moins de 10,000 fr. de recettes ordinaires étant entièrement exemptes de paiement pour entretien de leurs malades.

Depuis la mise à exécution de la loi de 1838, le concours des communes a été fixé, par ordonnance royale, sur la proposition de M. le Préfet du département, d'après une double base : l'importance des revenus communaux, et la nature de l'aliénation mentale des insensés qui les doit faire considérer comme dangereux ou non dangereux, et donne lieu à leur réclusion, conformément à l'article 18 de la loi, c'est-à-dire d'office et pour cause de sûreté publique, ou conformément à l'article 25, § 2, c'est-à-dire en vue spécialement de leur guérison.

Voici quelles sont les dispositions de la dernière ordonnance royale, en date du 22 décembre 1842.

Revenus ordinaires des Communes.	Part contributive des Communes dans les frais d'entretien de leurs aliénés.		Prix de journées correspondant, calculés sur une dépense annuelle de 450 f. pour un aliéné, soit 1.23 par jour.	
	dangereux.	non dangereux.	aliénés dangereux.	aliénés non dangereux.
100,000 f. et au-dess.	33/100	50/100	0.41	0.61
50,000 f. et au-dess.	25/100	37/100	0.30	0.45
20,000 f. et au-dess.	20/100	30/100	0.24	0.37
5,000 f. et au-dess.	17/100	25/100	0.21	0.30

On peut croire que, conformément aux observations présentées par l'administration départementale, cette fixation sera élevée pour ce qui concerne les grandes villes, que les ordonnances ne paraissent pas avoir, jusqu'ici, suffisamment prises en considération.

4° *Fonds départementaux.* — Toutes les sommes nécessaires à l'entretien des aliénés indigens, que ne fournissent pas les trois natures de ressources ci-dessus, sont prélevées sur les deniers départementaux et sur ceux de l'Asile.

La subvention départementale a, jusqu'à présent, été attribuée à la maison de Saint-Yon, non dans la proportion du nombre des aliénés indigens, mais dans la mesure de ce qui a été indispensable pour équilibrer les recettes et les dépenses de chaque exercice. — Le tableau n° 10 fait voir les très grandes variations subies d'une année à l'autre, par la subvention, durant la période qu'embrasse cette notice.

5° *Fonds de l'Asile.* — D'après le mode suivant lequel est réglée la subvention du département, une portion des dépenses faites pour les indigens est couverte par les revenus propres de l'Asile, soit au moyen de la rente que possède l'établissement, et qui, provenant d'une dotation faite par le département, doit de toute équité être employée à diminuer les sacrifices qu'il s'impose chaque année, soit au moyen des économies qu'il est possible d'opérer sur les sommes reçues pour traitement des pensionnaires. Il est difficile de préciser le chiffre annuel de ce prélèvement.

Par ce qui précède, on aperçoit que la conséquence de la mise à exécution de la loi sur les aliénés du 30 juin 1838, a été une aggravation de charge pour le département, qui doit acquitter une grande partie des dépenses mises précédemment au compte des hospices des grandes villes, et, indirectement, au compte des municipalités qui les subventionnent. De plus, un grand nombre de communes d'un ordre inférieur ayant de 5 à 10,000 fr. de revenu, ont été appelées à contribuer aux dépenses d'entretien de leurs aliénés, lesquelles autrefois n'y prenaient aucune part directe.

§ 2. *Élémens constitutifs de la population de l'Asile.*

Aliénés.

L'accroissement de la population extrêmement prononcé sur l'ensemble, même lorsque l'on fait abstraction des trois ou quatre premières années, est bien loin d'avoir été le même pour chacune des catégories d'aliénés admis dans la maison. C'est ce que démontre le classement de ses habitans au 31 décembre de chaque année, présenté par le tableau N° 9.

En effet, à partir de 1839 jusqu'en 1843, on observe que : 1° Le nombre des pensionnaires de toutes classes a sensiblement augmenté, mais, qu'en même temps, la proportion des pensionnaires au chiffre total des aliénés est restée à peu près constante, de 21 à 22 sur 100, ou 1 sur 5 environ.

2° Le nombre des aliénés non pensionnaires, mais dont les frais d'entretien, intégralement acquittés par les Ministères ou les départemens voisins, ne sont pas une charge pour le budget de la Seine-Inférieure, bien loin de s'élever, a sensiblement baissé de 1829 à 1843. Cette diminution tient à deux causes; d'abord, au retrait, par quelques départemens, de malades traités à Saint-Yon, pour être placés dans des établissemens nouvellement créés, plus rapprochés ou paraissant offrir quelques autres avantages aux administrations chargées de pourvoir à leurs besoins; ensuite à l'obligation où s'est trouvé l'Asile, par suite de l'insuffisance des locaux, de restreindre le nombre des aliénés envoyés par les départemens voisins, afin de réserver les places nécessaires aux malades de la Seine-Inférieure. — Ce manque de logements a forcé de renvoyer, à l'expiration de l'année 1843, 17 aliénés traités alors à Saint-Yon, au compte du département d'Eure-et-Loir, de sorte qu'à partir de cette époque le seul département de l'Eure conserve de 25 à 30 malades dans l'Asile.

3° Les aliénés indigens, dont les dépenses sont en partie couvertes par une indemnité payée par les hospices, et qui, à raison de cette circonstance, occasionnent le moins de charge au département, formaient déjà, à la fin de 1837, une fraction de la population de l'Asile, moins considérable qu'en 1829; mais, depuis la mise à exécution de la loi de 1838, la décroissance en a été bien plus rapide encore.

Les malades de cette catégorie étaient au nombre de 136 en 1829, de 164 en 1837, et de 30 seulement en 1843. — La proportion sur 1,000 aliénés entretenus dans l'Asile, donne les chiffres suivans aux mêmes époques : 366, 336 et 47.

4° La proportion des malades qui, vu leur indigence, ont obtenu des remises sur le taux de la pension la plus basse, est demeurée assez sensiblement la même.

5° Les communes n'ayant que de 5 à 10,000 francs de revenus, ayant été appelées à participer aux dépenses de leurs malades en même temps que les grandes villes, ont dû concourir aux frais de traitement des aliénés dont les hospices avaient précédemment la charge ; le nombre des cas où les municipalités sont intervenues de leurs deniers, s'est considérablement accru sous l'influence de la loi nouvelle.

6° Enfin, le nombre des aliénés traités gratuitement, et dont la charge est tout entière supportée par le département ou par les fonds propres de l'Asile, s'est élevé de 72 à 213 en 15 années, tandis que celui des pensionnaires s'est élevé seulement de 77 à 139.

Dans les neuf années qui ont précédé la promulgation de la loi, l'accroissement dans le nombre des gratuits a été de 56 ; augmentation moyenne annuelle, 6. Dans les six années qui ont suivi, l'accroissement a été de 90 ; augmentation moyenne annuelle, 15.

Antérieurement à la loi de 1838, l'administration départementale, agissant en vertu d'un mouvement spontané dans la distribution des secours aux aliénés indigens, avait pu imposer des limites à sa bienfaisance. C'est ainsi que le nombre des places gratuites dans l'Asile de Saint-Yon avait été fixé par votes successifs du Conseil général à 100 en 1826, puis à 110 en 1832, et à 130 en 1835. Mais la loi de 1838 ayant proclamé le droit de tous les nécessiteux, un plus grand nombre s'est présenté tout-à-coup pour profiter des avantages qui leur étaient concédés.

L'état qui suit résume ce qui vient d'être dit. Il fait connaître dans quelle proportion chaque catégorie de malades a concouru à constituer l'ensemble de la population de l'Asile, au 31 décembre des années 1829, 1837 et 1843. On a placé, en tête du tableau, les classes d'aliénés dont le séjour à Saint-Yon est profitable à l'établissement ou n'entraîne pas une charge pour le département ; plus on s'éloigne de ce point, plus forte est la part de dépense départementale qu'exige l'entretien des malades.

Sur 1,000 aliénés existant à la fin des années............	1829	1837	1843
On comptait :			
Pensionnaires aux frais des familles : 1re et 2e classes..............	35	35	44
Pensionnaires aux frais des familles : 3e et 4e classes..............	173	184	175
Pensionnaires aux frais du ministère de la guerre et des départemens voisins.....................	151	106	46
Total pour les aliénés dont l'entretien ne réclame aucun sacrifice de la part du département........	359	325	265
Indigens traités moyennant subvention des hospices..............	366	336	47
Indigens traités moyennant le concours des familles.............	46	33	36
Indigens traités moyennant le concours des communes............	35	43	307
Indigens traités aux frais du département seul..................	194	263	345
Total pour les indigens.......	641	675	735
Total de ci-dessus..........	359	325	265
Total général............	1,000	1,000	1,000

Employés.

Voici quelle était la composition du personnel des employés au 31 décembre 1843 :

1° Service médical.

1 Médecin en chef.
4 Internes en médecine.

2° Service administratif.

1 Directeur.
2 Commis } attachés au bureau de la direction.
2 Expéditionnaires }
1 Économe.
1 Sous-économe.
3 Employés à l'économat.
1 Receveur.
1 Aumônier.

3° Préposés et gens de service.

1 Infirmier major.
16 Infirmiers.
35 Religieuses.
2 Portiers.
2 Cuisiniers.
1 Jardinier.
1 Chauffeur de la pompe à feu.

Quelques infirmiers ont des fonctions spéciales qu'il est bon d'indiquer, en observant toutefois que tous couchent près des malades et dans leurs dortoirs pour la surveillance de la nuit, que tous font à tour de rôle le service de garde à l'infirmerie, et que tous, enfin, quelles que soient habituellement leurs attributions particulières, sont appelés, les jours de sortie de leurs camarades, ou en tout autre cas de nécessité, à les remplacer dans leur service près des aliénés.

1 Infirmier est employé comme garçon de bureau et commissionnaire.

1 Infirmier est employé comme garçon de bains.

2 Infirmiers sont employés à surveiller 50 à 60 malades travaillant au terrassement et au jardinage ;

12 —— soignent spécialement les aliénés dans divers emplois.

Quelques sœurs ont également des fonctions spéciales :

1 fait fonctions de supérieure et inspecte en conséquence toute la division des femmes.

1 Sœur est employée à la pharmacie.

1 — aux bains.

1 — à la cuisine générale.

1 — — — — de la communauté.

3 sont employées à la buanderie, dont le travail est confié aux aliénées.

3 sont employées à la lingerie.

2 sont préposées aux ateliers de couture des aliénées.

22 soignent les aliénées dans les emplois.

Il suit de là que 12 infirmiers soignaient les 270 aliénés hommes existant dans l'Asile au 31 décembre 1841 ; c'est un infirmier pour 25.5 aliénés ; et que 22 sœurs soignaient à la même époque 362 femmes ; c'est une sœur pour 16.4 aliénées.

Si l'on évalue, comme il paraît convenir, les dépenses occasionnées à l'Asile pour une religieuse à 600 fr., et pour un infirmier à 700 fr., les frais en gens de service seront approximativement pour un homme aliéné de 31 fr. 11 c., et pour une femme aliénée de 36 fr. 57 c.

Outre les employés au compte de l'établissement, il se

trouve constamment dans l'Asile quelques infirmiers ou sœurs, placés par les familles près des pensionnaires et attachés uniquement à leur service. La dépense qu'ils occasionnent est remboursée à raison de 1 fr. 64 c. par jour pour une sœur, et 1 fr. 92 c. pour un infirmier. En 1843, ils ont été au nombre de 10 : 3 gardiens et 7 religieuses.

En rapprochant, sur le tableau n° 9, le nombre total des employés de tout grade de celui des aliénés pendant chacune des années de la période qu'embrassent nos documens, on arrive aux proportions suivantes entre les uns et les autres :

Année	1825	—	1	employé sur	3.3	aliénés.
—	1826	—	1	—	5.8	—
—	1827	—	1	—	7.5	—
—	1828	—	1	—	6.3	—
—	1829	—	1	—	6.7	—
—	1830	—	1	—	7.»	—
—	1831	—	1	—	7.5	—
—	1832	—	1	—	8.1	—
—	1833	—	1	—	7.9	—
—	1834	—	1	—	8.»	—
—	1835	—	1	—	8.2	—
—	1836	—	1	—	7.9	—
—	1837	—	1	—	7.8	—
—	1838	—	1	—	8.2	—
—	1839	—	1	—	8.2	—
—	1840	—	1	—	8.5	—
—	1841	—	1	—	7.7	—
—	1842	—	1	—	7.8	—
—	1843	—	1	—	8.3	—

§ 3. *Commission de surveillance.*

Une commission de cinq membres est placée à la tête de l'Asile, avec mission de prendre connaissance de tout ce qui le concerne, de surveiller toutes les parties de l'administration, d'étudier et d'émettre son avis sur toutes les questions qui touchent aux intérêts de l'établissement, ou qui tendent à en améliorer la constitution et le régime. La loi de 1838 et l'ordonnance royale du 18 décembre 1839, ont déterminé les attributions et l'étendue des pouvoirs de la commission de surveillance.

Pour parvenir à une connaissance plus intime et plus suivie de chaque partie de l'administration de l'Asile, Messieurs les membres de la commission ont jugé à propos d'attribuer plus spécialement à chacun d'eux une partie déterminée du service, tout en réservant entiers les droits de tous sur l'ensemble de l'établissement. Les subdivisions admises sont celles-ci :

1° Personnel des employés et des aliénés ;
2° Comptabilité en deniers ;
3° Comptabilité en matières ;
4° Nourriture et pharmacie ;
5° Mobilier, lingerie, bâtimens, etc.

SECTION VI. — ORGANISATION DES SERVICES ADMINISTRATIFS.

La loi sur les aliénés et l'ordonnance rendue pour son exécution le 18 décembre 1839, ont déterminé avec précision la nature des fonctions de Directeur des Asiles d'aliénés. L'organisation de l'Asile de la Seine-Inférieure est, sous ce rapport, entièrement conforme aux prescriptions légales.

Les attributions du Receveur de la maison de Saint-Yon n'ont également rien de particulier ; elles sont fixées par les règlemens sur la comptabilité des établissemens de bienfaisance. — Le Receveur réside en dehors de l'Asile.

L'ordonnance royale du 29 novembre 1831, et l'instruction du Ministre de l'Intérieur du 20 novembre 1836 régissent les fonctions de l'Économe, et règlent le mode de comptabilité des denrées et objets de consommation. Mais, en outre des prescriptions qu'elles renferment, quelques mesures d'ordre et de contrôle ont été organisées dans l'Asile, dont il peut être à propos de parler en peu de mots.

Achats. Toutes les acquisitions sont faites sur des *bons* de commande, signés de l'économe, visés par le directeur, et inscrits sur un registre qui demeure déposé à la direction. Les livraisons sont accompagnées d'une note signée des fournisseurs, et portée au dos des bons dont il vient d'être question.

Emmagasinage. Les objets reçus des fournisseurs restent en dépôt dans les magasins, sous la garde personnelle de l'économe, jusqu'au moment où ils sont livrés à la consommation, ou mis en service.

Ces magasins sont au nombre de cinq. L'un, destiné aux objets mobiliers, est au-dessus du bureau de l'économe ; un second, pour les comestibles et liquides, est placé dans l'un des côtés des vastes et belles caves qui se trouvent sous les bâtimens centraux de la maison. Ce magasin, commodément divisé en compartimens fermés de claire-voies et distincts pour les diverses espèces d'objets de consommation, se rapproche par l'une de ses extrémités, de la cuisine, pareillement située dans les caves de l'établissement, et, par l'autre, est en communication, tout près de l'économat, avec la cour d'entrée. Les deux derniers côtés du quadrilatère que forment les caves, sont occupés par le bûcher. Un hangard pour le charbon de terre, et un grenier à paille, sont les autres magasins dont la garde est confiée à l'économe.

Distributions. Tous les objets qui doivent être consommés ou mis en service, sont distribués par l'économe ou par les employés sous ses ordres.

Les distributions sont effectuées, pour les comestibles, conformément aux fixations du règlement intérieur de la maison, ou aux prescriptions portées sur les cahiers de visite, dont le relevé, fait chaque jour par l'un des employés de la direction, est certifié par le médecin en chef; pour les autres articles, elles sont réglées par des *bons* signés par les chefs de l'emploi auquel ils sont destinés, et revêtus du visa du directeur.

Les mêmes mesures d'ordre s'appliquent aux objets confectionnés ou récoltés dans l'établissement.

Les bons de commande, les bons de distribution et les relevés des cahiers de visite sont conservés et classés comme pièces à l'appui des comptes de l'économe, pour tout ce qui concerne les comestibles, les combustibles, les objets d'éclairage, et généralement tous les articles qui sortent des magasins pour une consommation immédiate.

Mesures spéciales pour assurer la conservation du mobilier.

Outre l'inventaire général du mobilier, dressé tous les ans par les soins de l'économe, il est tenu un inventaire spécial des effets mobiliers existant dans chacun des emplois de l'établissement.

Ces inventaires partiels sont remis aux sœurs et infirmiers préposés aux emplois, afin qu'ils puissent toujours s'assurer de l'état du mobilier dont ils doivent compte, et qu'ils sont chargés de maintenir constamment au complet.

Toutes les mutations dans le mobilier ainsi fixé, ne peuvent s'opérer qu'en vertu de *bons* signés de madame la supérieure pour la division des femmes, ou de l'infirmier-major pour la division des hommes, et portant le visa du directeur. Les bons doivent être distincts, suivant qu'il s'agit :

1° De remplacer un objet usé, détruit ou perdu.

2° De remplacer un objet pouvant être remis en service après réparation, comme serait un vase en étain susceptible d'être refondu. Dans ces deux cas, les articles changés ou leurs débris doivent être remis à l'économe au moment de la délivrance des effets nouveaux.

3° D'ajouter quelque chose au mobilier d'un emploi, ou, 4° d'en retrancher quelque chose. Dans ces deux derniers cas, il est immédiatement fait mention, sur le livret de l'emploi, du changement opéré dans son mobilier.

Tous ces *bons* servent à passer les écritures de l'économat, pour constater le mouvement des magasins. Leur réunion aide à contrôler la comptabilité matière.

La lingerie, avec la buanderie qui en est considérée comme une dépendance, est soumise à ces mêmes mesures d'ordre pour tous les objets en linge et vestiaire qui appartiennent à l'établissement. [1]

Procès-verbaux de destruction d'objets mobiliers. — Chaque mois, il est, par les soins de l'économe, et en présence d'un des membres de la Commission de surveillance et du Directeur, dressé procès-verbal, constatant la dénomination et le nombre des effets de mobilier, de lingerie et de vestiaire mis hors de service ou perdus. Ces procès-verbaux sont appuyés de la représentation des bons dont il est parlé plus haut, et des débris des objets anéantis. Ces procès-verbaux donnent décharge à l'économe des pertes constatées.

Inventaire général du mobilier. — A l'expiration de chaque année, il est procédé, dans la forme qui vient d'être indiquée,

[1] Une division particulière de la lingerie reçoit les trousseaux des pensionnaires dans des cases séparées, marquées du numéro sous lequel ils ont été inscrits dans les registres de la maison.

à la confection de l'inventaire général des effets mobiliers existant dans l'Asile. Cet inventaire donne, sur chacun des articles, les indications que voici :

1° Numéro d'ordre sous lequel il est inscrit dans chaque inventaire annuel.

2° Désignation de l'article.

3° Quantités existant le 31 décembre de l'année précédente.

4° Recettes pendant l'année, par achats.

5° — confectionnement dans l'Asile ;

6° — versemens à titres divers.

7° Total des quantités existant et reçues.

8° Dépenses pendant l'année pour confections et réparations;

9° — pertes et avaries ;

10° — versemens à titres divers

11° Quantités existant le 31 décembre de l'année qui finit.

12° Prix des objets.

13° Montant en argent.

14° Observations.

Les recettes sont données par les écritures de l'économe, appuyées des bons de commande, des notes de livraison et de remise en magasin. Les dépenses sont fournies par l'addition des procès-verbaux mensuels de destruction. Le récolement de chacun des inventaires partiels tenus constamment à jour, sert de vérification à tout l'ensemble, et de contrôle aux opérations de l'économe.

CHAPITRE QUATRIÈME.

Recettes et Dépenses.

---

§ 1er. *Frais de premier établissement.*

Nous donnons l'état des dépenses extraordinaires par lesquelles il a été pourvu tant aux frais de construction et d'appropriation des bâtimens, qu'à l'acquisition première des effets mobiliers et de lingerie. Mais, comme la comptabilité des fonds qui y sont consacrés n'appartient pas en entier à l'Asile, il a été impossible de connaître, pour toutes les années, les sommes effectivement dépensées sur les crédits ouverts. Nous y avons suppléé en quelques cas par le chiffre des allocations portées au budget du département; la différence doit être peu considérable et sans importance réelle pour l'objet de ce travail.

Exercices.	Bâtimens.		Mobilier.	
1824........	» fr.	»....	23,806 fr.	96
1825........	»	»....	29,960	03
1826........	»	»....	4,483	54
1826 et antérieurement.	591,823	80....	»	»
1827........	78,658	18....	10,496	»
1828........	43,914	44....	7,504	»
1829........	21,353	58....	20,000	»

Exercices.	Bâtimens.		Mobilier.	
1830........	30,000	»....	17,700	»
1831........	826	»....	»	»
1832........	2,034	»....	»	»
1833........	3,889	»....	»	»
1834........	»	»....	»	»
1835........	6,000	»....	»	»
1836........	4,825	40....	»	»
1837........	6,973	»....	»	»
1838........	50,137	44....	»	»
1839........	30,000	»....	»	»
1840........	30,000	»....	9,655	»
1841........	33,500	»....	7,914	»
1842........	14,209	30....	2,812	19
1843........	10,747	»....	2,979	50
Total....	958,891	14....	137,311	22

1,096,202 fr. 36.

Il convient de rapprocher de ces dépenses le prix des deux terrains acquis de MM. Quinet et Fauvel, le premier moyennant 18,000 fr., le second moyennant 28,500 fr.

§ 2. *Recettes et dépenses ordinaires.*

Les deux tableaux produits sous les n°s 10 et 11 donnent avec tous les détails nécessaires les dépenses d'entretien de l'Asile et les recettes correspondantes. Il est superflu d'y rien ajouter.

§ 3. *Dépenses annuelles pour un aliéné et prix de journées.*

Par le rapprochement des données contenues aux tableaux n°s 9 et 11, on a formé l'état qui suit de la dépense moyenne annuelle et du prix de journées des aliénés de toute classe, entretenus à l'Asile pendant chacune des années 1825 à 1843.

ANNÉES.	DÉPENSE TOTALE.		NOMBRE MOYEN des Aliénés entretenus dans l'Asile.	DÉPENSE MOYENNE annuelle, pour un Aliéné.		PRIX des Journées.	
1825.	42,669 fr.	71	70	1,218 fr.	78	3 fr.	33
1826.	131,847	98	186	708	85	1	94
1827.	173,184	32	308	562	28	1	54
1828.	189,793	92	342	555	80	1	52
1829.	195,582	80	365	535	84	1	46
1830.	192,468	38	385	503	22	1	37
1831.	190,897	91	413	463	24	1	25
1832.	198,110	58	428	465	30	1	26
1833.	190,879	22	430	445	39	1	21
1834.	193,522	30	437	435	36	1	18
1835.	203,002	11	451	452	31	1	23
1836.	205,289	15	461	447	86	1	22
1837.	213,352	03	479	447	04	1	22
1838.	236 957	79	505	472	01	1	28
1839.	257,926	07	535	484	22	1	32
1840.	265,202	88	571	464	45	1	27
1841.	256,849	51	568	452	19	1	23
1842.	279,668	81	591	473	21	1	29
1843.	288,448	54	625	461	51	1	26

§ 4. *Prix des principaux objets de consommation.*

L'appréciation des frais d'entretien des aliénés dans l'Asile de la Seine-Inférieure serait difficile, si l'on ne possédait aucun renseignement sur les prix des principaux objets qui entrent dans la consommation de l'établissement. Cette considération nous détermine à présenter ici le relevé de ces prix tels qu'ils résultent des comptes et des marchés relatifs aux années **1825, 1835** et **1845.**

Nature des Consommations.		Année 1825.	Année 1835.	Année 1845.
Pain bourgeois	kilogr.	0 f. 27,48	0 f. 25,70	0 f. 31,50
Viande	—	0 80	0 87,50	0 96
Cidre	hectolit.	17 35	14 90	18 90
Vin	—	53 »	46 52	46 »
Haricots de Soissons	—	32 »	50 »	40 »
— plats	—		11 25	19 »
Pois secs	—	» »	31 »	25 »
Lentilles	—	» »	50 »	42 »
Confitures ordinaires	kilogr.	0 42,50	0 53	» 45
Œufs	cent.	6 »	5 90	6 25
Lait	litre.	0 17	0 13	0 15
Beurre salé (1re qualit.)	kilogr.	1 68	» »	1 80
— (2e qualit.)	—		1 44	1 42
Fromage de Neufchâtel	cent.	13 »	11 60	11 25
— de Hollande	kilogr.	» »	0 90	» 89,10
— de Livarot	—	» »	0 97	» 99
— de Pt-l'Évêque	—	» »	0 90	» 89,10
Huile d'olive	—	» »	2 80	2 27,70
— d'œillette fine	—	1 19	1 60	1 5,84
Sel gris	—	0 35	0 33,50	0 39,60
Café	—	brûlé 4 »	brûlé 3 50	vert 2 07,90
Sucre en pain (1re qualit.)	—	» »	1 93	1 65,30
— (2e qualit.)	—	» »	» »	1 60,30
Riz	—	0 85	0 55	0 59,40
Vermicelle	—	» »	0 54	0 59,40
Toile écrue pour draps (de 1 m. 20 de larg.)	mètre.	1 85	1 77	1 50 80

Nature des Consommations.		Année 1825.		Année 1835.		Année 1845.	
— pour chemises (id.)	—	»	»	2	07	1	72,40
Coutil fil et coton.....	—	»	»	2	08	»	»
Siamoise (id.)........	—	»	»	2	18	»	»
Cotonade croisée pour vêtem^s d'hommes...	—	»	»	»	»	0	94,90
Cotonade lisse p. vêtem^s de femmes........	—	»	»	»	»	0	82
Tordouet pour vêtem^s d'hommes........	—	»	»	4	11	2	79,30
Vestipoline pour vêtem^s de femmes........	—	2	91	3	91	2	87,80
Bas en coton bleu pour hommes..........	paire.	»	»	2	50	2	»
Idem, pour femmes..	—	»	»	1	75	1	60
Souliers p. hommes...	—	6	79	5	50	5	»
— p. femmes.....	—	4	85	4	20	4	»
Savon...............	kilogr.	1	»	1	16	0	92
Paille de seigle.......	cent bot.	40	»	35	»	49	50
— d'avoine.......	—					29	50
Bois à brûl. (hêtre en bûch.)	stère.	20	50	13	50	13	49
Charbon de terre.....	hectolit.	5	10	3	77	50	3,40
Huile à brûler........	kilogr.	0	75	1	20	1	09
Chandelle...........	—	1	09	1	40	1	33

— Le manque total d'eau courante sur le terrain qu'occupe l'Asile, est une cause journalière de dépense qu'il est à propos de noter. Tout l'approvisionnement étant fourni par des puits, une machine à vapeur a dû être établie pour élever l'eau dans les bassins, d'où elle est distribuée dans diverses parties de la maison. Les dépenses faites en combustible, salaire de chauffeur, réparation et entretien de la machine, et, enfin, en achat du carbonate de soude nécessaire pour rendre l'eau du sol propre au blanchissage du linge, montent annuellement à 3,000 fr. environ.

§ 5. *Montant de l'inventaire annuel du Mobilier.*

Mobilier de l'ancien dépôt de mendicité, cédé à l'Asile

en 1821	32,395 fr.	95.
Juillet 1825	66,148	20.
Juillet 1827	112,849	27.
Juin 1829	138,332	24.
Janvier 1831	161,735	90[1].
Décembre 1831	173,014	23.
Décembre 1832	202,944	16.
Décembre 1833	209,716	90.
Décembre 1834	223,409	74.
Décembre 1835	224,948	29.
Décembre 1836	231,399	69.
Décembre 1837	237,014	30.
Décembre 1838	243,009	30.
Décembre 1839	252,582	83.
Décembre 1840	277,331	15.
Décembre 1841	290,670	64.
Décembre 1842	304,439	34.
Décembre 1843	313,597	12.

L'inventaire dressé à la fin de l'année 1843 constate l'existance de 74,448 effets mobiliers classés sous 1,000 dénominations différentes.

[1] Depuis 1831, les inventaires dont les résultats sont portés sur ce tableau ont été dressés conformément à la circulaire ministérielle du 1er septembre 1825, concernant le mode d'évaluation du mobilier des préfectures. Chacun des meubles et des effets encore en état de servir a été estimé à sa valeur primitive, alors même qu'il n'était plus neuf.

APPENDICE.

DE L'AVENIR DE L'ASILE

ET DE SES BESOINS.

Malgré les efforts persévérans à l'aide desquels l'Asile des aliénés de la Seine-Inférieure a été conduit, par des perfectionnements successifs, à un état d'organisation qui le place à côté des meilleurs établissemens, le but vers lequel une administration éclairée doit incessamment tendre, n'est pas encore complétement atteint pour le présent, et l'avenir de l'Asile surtout n'est pas garanti contre un déclin de prospérité que l'accroissement incessant de sa population rend imminent.

— L'Asile qui avait été originairement créé dans la prévision d'une population de 400 à 450 malades, a pu, au moyen d'agrandissemens en constructions et terrains, être rendu propre à servir de maison de refuge et de traitement pour 600 malades des deux sexes, 280 hommes, 320 femmes. En deçà de ces limites extrêmes, l'Asile peut conserver tous les caractères et tous les avantages d'un établissement mixte, excellent hospice d'incurables, bonne maison de traitement.

Dans ces conditions, l'Asile serait encore susceptible de plusieurs perfectionnemens qui ont été signalés à l'administration supérieure, et qu'il suffit ici d'énumérer.

Création de quartiers spéciaux pour les aliénés épileptiques.

Création d'un quartier spécial pour les femmes pensionnaires de troisième classe.

Substitution d'un quartier nouveau au quartier des femmes dites gâteuses.

Substitution graduelle de constructions nouvelles et appropriées aux constructions anciennes, d'après un plan général dont les bases ont été concertées entre le directeur, le médecin et l'architecte.

— Les effets de la loi de l'accroissement graduel de la population dans les asiles ouverts aux aliénés, tendent incessamment à diminuer les qualités de l'Asile de la Seine-Inférieure, en altérant l'équilibre qui doit exister entre la constitution normale de l'établissement et le chiffre de sa population.

Le terme qui ne peut être dépassé sans les plus graves inconvéniens, est aujourd'hui atteint. L'administration supérieure a dû être avertie de la nécessité de prendre des mesures efficaces pour maintenir l'Asile de la Seine-Inférieure au rang qui lui a été donné au prix de tant d'efforts et de sacrifices. Saisis de cette grave question par un mémoire spécial du médecin de l'Asile, M. le baron Dupont-Delporte, préfet de la Seine-Inférieure, et MM. les Membres du Conseil général ne manqueront pas de lui donner une solution conforme aux véritables intérêts d'un établissement, objet constant de leur sollicitude éclairée.

Dans sa session de 1844, le Conseil général a formulé la

question en ces termes : savoir si, dans l'avenir, il conviendrait mieux de créer un établissement spécial d'incurables, que d'agrandir l'Asile actuel.

Le médecin de l'Asile s'est trouvé conduit, par une discussion approfondie, à résumer son opinion en ces termes : « Je ne crains pas d'affirmer qu'un agrandissement qui satisferait aux exigences de l'avenir, en élevant la population de l'Asile jusqu'à 800 malades, aurait pour effet inévitable de dénaturer complétement l'institution, et d'en faire, au détriment de l'art et de la société, un véritable hospice d'incurables. »[1] Il peut aujourd'hui, en insistant sur la nécessité de prévenir à tout prix une telle transformation, invoquer l'autorité imposante des hommes les plus compétens de la Grande-Bretagne. Dans un rapport fait au lord Chancelier, et présenté aux deux Chambres à la suite d'une enquête sur l'état des aliénés en Angleterre, les Commissaires expriment le regret d'avoir trouvé les Asiles encombrés d'incurables, et rendus par là impropres à recevoir les malades susceptibles de guérison, et s'affligent de ce que la transformation d'hôpitaux de traitement en maisons de refuge a, en grande partie, annihilé l'utilité des Asiles publics d'aliénés.[2]

[1] Rapport sur le service médical en 1843, par M. Parchappe.

[2] The Asylums in which the lunatic poor are received, have however been the subject of our most especial enquiries. These places (even such of them as are upon the most extended scale) are, we regret to say, filled with incurable patients, and are thus rendered incapable of receiving those whose malady might still admit of cure. It has been the practice, in numerous instances, to detain the insane pauper at the workhouse or elsewhere, until he becomes dangerous or unmanageable; and then, when his disease is beyond all medical relief, to send him to a lunatic Asylum where he may remain during the rest of his life, a pensioner on the public. This practice, which has been carried on for the sake of saving in the first instance, to each parish some small

— Les perfectionnemens qui ont été introduits dans l'organisation du travail à l'Asile de la Seine-Inférieure, ne laissent actuellement rien à désirer au point de vue de l'intérêt des malades. Mais les ressources de travail qu'on a accidentellement obtenues pour les hommes, en remaniant profondément, pour les bonifier, les terrains de culture, viendront bientôt à manquer. Il deviendra alors indispensable de créer quelque nouvelle industrie pour occuper les bras des hommes.

Après avoir atteint par l'organisation du travail le but principal qu'on devait se proposer, c'est-à-dire : occuper les aliénés dans l'intérêt de leur bonheur et de leur santé, on n'a pas encore obtenu tout ce qu'il est permis d'espérer d'une bonne direction imprimée au travail par les aliénés. Il serait fort important, et il n'est pas impossible, de rendre le travail plus productif, et de faire ainsi tourner au profit des Asiles d'aliénés, les ressources mêmes du traitement.

C'est dans une exploitation rurale seulement que peuvent se trouver réunies les conditions économiques et hygiéniques propres à rendre le travail des aliénés productif, sans lui faire perdre son caractère essentiel de secours consolateur et curatif pour les malades.

Depuis les heureux résultats obtenus à la ferme Sainte-Anne, sous l'influence de l'impulsion donnée par M. le docteur Ferrus, les essais dans cette direction se sont multipliés, et aujourd'hui, en France comme à l'étranger, une exploitation

expense, has confirmed the malady of many poor persons, has destroyed the comfort of families, has ultimately imposed a heavy burthen upon parishes and counties, and has, in great measure, nullified the utility of public lunatic Asylums, by converting them into a permanent refuge for the insane, instead of hospitals for their relief or cure.

(Report of the metropolitan commissioners in Lunacy, to the lord Chancellor. 1844; page 6.)

rurale est généralement considérée comme l'annexe en quelque sorte obligée de tout asile d'aliénés dont la population est un peu considérable.

Si l'administration supérieure était conduite à créer une succursale de l'Asile de la Seine-Inférieure, ce serait une excellente occasion pour compléter l'organisation des secours publics donnés dans ce département aux aliénés, par la création d'une exploitation rurale dont la main-d'œuvre serait confiée à ces malades.

NOMS DES PRÉFETS

DU DÉPARTEMENT DE LA SEINE-INFÉRIEURE,

et des

MEMBRES DE LA COMMISSION DE SURVEILLANCE

**qui ont présidé à la création
et aux perfectionnemens successifs de l'Asile,**

DES MÉDECINS ET DES EMPLOYÉS

qui ont coopéré à son administration depuis la création de l'établissement jusqu'au commencement de l'année 1845.

Préfets de la Seine-Inférieure.

MM. le Bon **Malouet**........... de 1818 à 1820.
le B^on^ de **Vanssay**........ de 1820 à 1828.
le Cte **Murat**............. de 1828 à 1830.
le Cte **Treilhard**......... 1830.
le Bon **Dupont-Delporte**... depuis la fin de l'année 1830.

Membres de la Commission de surveillance.

MM. **Maillard**............... de 1828 à 1830.
Le Tellier............ de 1828 à 1829.
Fossard................ de 1828 à 1830.
Godquin (l'abbé)........ de 1828 à 1843.
Pillore................ de 1828 à 1832.
Levasseur.............. depuis 1829.
Dufay.................. 1830.
Crosnier............... de 1830 à 1842.
Gessard................ de 1830 à 1842.
Metton................. de 1830 à 1842.
Eustache............... de 1831 à 1840.
Scott.................. de 1832 à 1836.
Dubosc................. de 1836 à 1842.
Moreau................. de 1840 à 1842.

Oursel.................. depuis 1843.
Persac...... .... depuis 1843.
Grouet (l'abbé)......... depuis 1843.
Henry Barbet............ de 1843 à 1844.
Lemarchant (G^{ve})....... depuis 1844.

Directeurs de l'Asile.

MM. Vidal..... .... de 1825 à 1830.
Deboutteville. .... depuis la fin de l'année 1830.

Médecins en chef.

MM. Foville................ de 1825 à 1834.
Parchappe. .... depuis 1835.

Chirurgien en chef.

M. Leudet................ depuis 1826.

Receveur.

M. Langlois. .... depuis 1842.

Économes.

MM. Hubert. .... de 1825 à 1829.
Génot (aîné)............ 1829.
Langlois................ de 1830 à 1842.
Richer.................. depuis 1842.

Aumôniers.

MM. Léger................... de 1826 à 1827.
Chevalier.............. de 1828 à 1830.
Pain. .... de 1831 à 1840.
Pajot............. ..... depuis 1840.

Architectes.

MM. Jouannin............... de 1820 à 1829.
Grégoire...... .... depuis 1829.

TABLE DES MATIÈRES

TABLEAUX.

FIN.

ASILE DÉPARTEMENTAL des ALIÉNÉS de la SEINE-INFÉRIEURE

Etabli à ROUEN, dans l'ancienne Maison de S.t YON.

Admissions de 1825 à 1843.

Tableau N° 1.

Classement des admissions suivant la nature de l'aliénation mentale, le sexe, l'âge, la saison et l'état de récidive.

Aliénés admis pendant la 2e période ; années 1835, 1836, 1837, 1838, 1839, 1840, 1841, 1842, 1843

	Folie simple — Aiguë — Maniaque		Folie simple — Aiguë — Mélancolique		Folie simple — Chronique		Folie compliquée — Convulsive		Folie compliquée — Paralytique		Folie compliquée — Épileptique	
	hommes	femmes	hommes	femmes	hommes	femmes	hommes	femmes	hommes	femmes	hommes	femmes
Saisons												
nvier, Février, Mars	68	73	43	49	35	44	3	1	25	9	12	5
ril, Mai, Juin	93	106	57	69	26	29	2	.	89	7	15	3
llet, Août, Septembre	111	97	44	70	34	37	7	2	23	9	14	3
obre, Novembre, Décembre	74	77	33	51	42	47	5	.	25	10	12	4
Totaux	351	353	175	239	137	157	17	3	117	35	53	15
otaux par espèces	704		414		294		20		152		68	
Ages												
u dessous de 20 ans	19	12	11	7	1	2	.	.	.	.	7	2
de 20 à 29 inclusivement	75	73	37	41	27	14	1	.	3	4	20	2
de 30 à 39 d°	109	94	62	77	34	31	6	3	47	11	13	6
de 40 à 49 d°	88	90	39	69	37	45	9	.	42	11	8	3
de 50 à 59 d°	45	49	24	37	24	35	1	.	18	5	5	2
de 60 ans & au dessus	15	35	2	8	14	30	.	.	7	4	.	.
Totaux	351	353	175	239	137	157	17	3	117	35	53	15
Récidives.												
dant les années 1836, 37, 38, 39, 40	.	.	.	.	.	.	.	.	.	.	.	.
dant les années 1841, 42, 43	28	37	5	18	8	5	2	.	1	1	4	.
Admissions.												
dant les années 1836, 37, 38, 39, 40	.	.	.	.	.	.	.	.	.	.	.	.
dant les années 1841, 42, 43	152	132	64	119	55	50	11	1	39	10	27	5

	Imbécillité — Sénile		Imbécillité — Paralytique		Idiotie — Simple		Idiotie — Épileptique		Total des hommes	Total des femmes	Total des 2 sexes
	hommes	femmes	hommes	femmes	hommes	femmes	hommes	femmes			
Saisons											
nvier, Février, Mars	1	1	1	2	8	5	.	.	196	189	385
ril, Mai, Juin	1	1	.	.	5	2	1	1	244	218	462
llet, Août, Septembre	.	.	1	.	11	2	2	.	250	220	470
obre, Novembre, Décembre	2	2	1	.	3	6	.	2	197	199	396
Totaux	4	4	3	2	27	13	3	3	887	826	1,713
otaux par espèces	8		5		42		6				
Ages											
u dessous de 20 ans	.	.	.	.	10	3	2	2	50	28	78
de 20 à 29 inclusivement	.	.	.	.	11	7	.	1	174	142	316
de 30 à 39 d°	.	.	.	.	3	4	1	.	275	226	501
de 40 à 49 d°	.	.	2	1	1	.	.	.	226	219	445
de 50 à 59 d°	.	.	.	.	1	1	.	.	118	129	247
de 60 ans & au dessus	4	4	1	1	1	.	.	.	44	82	126
Totaux	4	4	3	2	27	15	3	3	887	826	1713
Récidives.											
dant les années 1836, 37, 38, 39, 40	.	.	.	.	.	.	.	.	68	87	155
dant les années 1841, 42, 43	.	.	.	.	.	.	.	.	48	61	109
									116	148	264
Admissions.											
dant les années 1836, 37, 38, 39, 40	.	.	.	.	.	.	.	.	465	443	908
dant les années 1841, 42, 43	3	1	1	.	10	5	1	2	363	325	688
									828	768	1596

	Aliénés admis pendant la 1re période de 1825 à 1834 — Indication des diverses périodes	Total des hommes	Total des femmes	Total des 2 sexes	Aliénés admis pendant les 2 périodes de 1825 à 1843 — Indication des diverses périodes	Total des hommes	Total des femmes	Total des 2 sexes
Saisons								
nvier, Février, Mars	de 1827 à 1834	129	114	243	de 1827 à 1843	325	303	628
ril, Mai, Juin		149	129	278		393	347	740
llet, Août, Septembre		136	101	237		386	321	707
obre, Novembre, Décembre		90	108	198		287	307	594
Totaux		504	452	956		1391	1278	2669
	de 1825 à 1826	145	191	336	de 1825 à 1826	145	191	336
otaux par espèces	de 1825 à 1834	649	643	1292	de 1825 à 1843	1,536	1,469	3,005
Ages	Aliénés admis de 1827 à 1834.				Aliénés sur lesquels portent les observations d'âge.			
u dessous de 20 ans	dont l'âge a pu être déterminé	24	24	48		74	52	126
de 20 à 29 inclusivement		113	70	183		287	212	499
de 30 à 39 d°		147	129	276		422	355	777
de 40 à 49 d°		115	103	218		341	322	663
de 50 à 59 d°		54	58	112		172	187	359
de 60 ans & au dessus		35	42	77		79	124	203
Totaux		488	426	914		1375	1252	2627

Tableau N.° 3.

Classement des guérisons suivant la saison, l'âge, la durée du séjo
et l'état de récidive, de 1835 à 1843.

	Folie simple.						Folie compliquée.						Tota	
	aigue				Chronique		Convulsive		Paralytique		Épileptique		des	
	Maniaque		Mélancolique											
	hommes	femmes	hommes	femmes	hommes	femmes	hommes	femmes	hommes	femmes	hommes	femmes	hommes	femmes
Saisons.														
Janvier, Février, Mars…	33	42	21	24	5	5	1	„	1	„	1	„	62	71
Avril, Mai, Juin…	58	45	26	37	8	9	3	„	3	„	5	2	103	93
Juillet, Août, Septembre	62	52	32	36	9	16	7	„	2	2	2	„	114	106
Octobre, Novembre, Décembre	59	65	25	31	7	7	3	„	„	„	1	„	95	103
	212	204	104	128	29	37	14	„	6	2	9	2	374	373
Ages														
au dessous de 20 ans…	14	11	7	6	1	„	„	„	„	„	„	„	22	17
de 20 à 29 inclusivement	53	43	23	25	6	4	1	„	1	„	„	1	84	73
de 30 à 39…	66	61	39	49	9	5	5	„	2	2	5	1	126	118
de 40 à 49…	48	47	19	32	4	13	7	„	2	„	3	„	83	92
de 50 à 59…	25	21	15	13	7	10	1	„	1	„	1	„	50	44
de 60 ans & au dessus…	6	21	1	3	2	5	„	„	„	„	„	„	9	29
Durée du séjour														
Guérison pendant le 1.er mois	16	11	6	2	„	„	6	„	„	„	1	„	29	13
le 2.e…	49	28	18	21	1	1	2	„	1	„	2	„	73	50
le 3.e…	40	36	23	33	1	3	5	„	3	1	3	„	75	73
le 4.e…	24	26	11	11	4	1	1	„	1	„	„	„	41	38
le 5.e…	9	16	10	7	2	1	„	„	„	„	„	„	21	24
le 6.e…	22	23	4	15	3	„	„	„	1	1	2	„	32	39
de 6 mois à 1 an…	36	39	15	27	3	10	„	„	„	„	1	„	55	76
de 1 an à 2 ans…	11	14	13	5	5	5	„	„	„	„	„	1	29	25
après plus de 2 ans…	5	11	4	7	10	16	„	„	„	„	„	1	19	35
Malades à l'État de récidive	47	70	16	29	1	6	4	„	3	„	3	„	71	105

Tableau No 4.

Classement des décès suivant la saison, l'âge et la durée du séjour.

Décès pendant la deuxième période, de 1835 à 1843 inclusivement.																							
	Folie simple.						Folie compliquée.						Imbécillité.				Idiotie.				Total		
	aigüe																				des		
	Maniaque.		Mélancolique.		Chronique.		Convulsive.		Paralytique.		Épileptique.		Sénile.		Paralytique.		Simple.		Épileptique.				
	hommes.	femmes.	hommes.	femmes.	hommes.	femmes.	hommes.	femmes.	hommes.	femmes.	hommes.	femmes.	hommes.	femmes.	hommes.	femmes.	hommes.	femmes.	hommes.	femmes.	hommes.	femmes.	de décès.
Saisons.																							
Janvier, Février, Mars,	10	7	1	4	36	45	.	.	37	15	6	.	.	.	.	.	5	1	.	1	95	73	168
Avril, Mai, Juin,	7	6	4	3	23	34	.	.	36	6	6	.	.	.	2	.	.	.	.	.	78	49	127
Juillet, Août, Septembre	10	8	4	4	17	19	.	1	25	5	2	1	.	.	1	.	.	1	.	1	59	40	99
Octobre, Novembre, Décembre.	12	5	6	2	24	31	1	.	30	5	5	1	1	.	.	1	2	.	.	.	81	45	126
Totaux	39	26	15	13	100	129	1	1	128	31	19	2	1	.	3	1	7	2	.	2	313	207	520
Âges.																							
au dessous de 20 ans	2	.	1	.	.	.	.	.	.	.	1	.	.	.	.	.	3	1	.	.	7	.	7
de 20 à 29 inclus.	6	3	2	1	7	4	.	.	1	2	3	.	.	.	.	.	.	.	.	1	19	12	31
de 30 à 39	8	3	3	2	21	27	.	1	49	8	8	1	.	.	.	.	1	1	.	.	90	43	133
de 40 à 49	8	7	4	4	25	21	1	.	41	14	4	1	.	.	2	.	1	.	.	1	86	48	134
de 50 à 59	10	5	4	4	23	30	.	.	38	3	2	.	.	.	.	.	1	.	.	.	68	42	110
au dessus de 60 ans.	5	8	1	2	24	47	.	.	9	4	1	.	1	.	1	1	1	.	.	.	43	62	105
Durée de la maladie depuis l'admission jusqu'à la mort.																							
Décès pendant le cours du 1er mois.	11	15	7	4	1	5	1	1	18	3	1	1	.	.	.	.	.	.	.	.	39	29	68
2e.	7	1	.	2	.	4	.	.	11	5	.	.	.	.	.	.	.	.	.	.	18	12	30
3e.	6	1	.	.	2	4	.	.	10	2	.	.	.	.	.	.	1	.	.	.	19	7	26
4e.	4	1	.	.	3	3	.	.	5	1	.	.	.	.	.	.	.	.	.	1	12	6	18
5e.	2	.	2	1	2	4	.	.	6	3	1	.	.	.	.	.	.	.	.	.	13	8	21
6e.	3	1	2	1	2	1	.	.	11	.	.	.	.	.	.	.	.	.	.	.	18	3	21
de 6 mois à 1 an.	4	4	1	3	3	12	.	.	18	3	5	.	.	.	1	.	2	1	.	.	34	24	58
de 1 an à 2 ans	2	3	2	1	8	11	.	.	30	3	3	1	.	.	2	1	.	1	.	1	47	21	68
Après plus de 2 ans.	.	.	1	1	79	85	.	.	19	11	9	.	1	.	.	.	4	.	.	.	113	97	210

Tableau N° 5

Causes de la mort.

Nature des causes de la mort			Folie simple, Aiguë, Maniaque, hommes	Folie simple, Aiguë, Maniaque, femmes	Folie simple, Aiguë, Mélancolique, hommes	Folie simple, Aiguë, Mélancolique, femmes	Folie simple, Chronique, hommes	Folie simple, Chronique, femmes	Folie compliquée, Convulsive, hommes	Folie compliquée, Convulsive, femmes	Folie compliquée, Paralytique, hommes	Folie compliquée, Paralytique, femmes	Folie compliquée, Épileptique, hommes	Folie compliquée, Épileptique, femmes	Imbécillité, Sénile, hommes	Imbécillité, Sénile, femmes	Imbécillité, Paralytique, hommes	Imbécillité, Paralytique, femmes	Idiotie, Simple, hommes	Idiotie, Simple, femmes	Idiotie, Épileptique, hommes	Idiotie, Épileptique, femmes	Total des causes par espèces, hommes	Total des causes par espèces, femmes	Total des causes par espèces, totaux	Total des causes par catégories, hommes	Total des causes par catégories, femmes
Maladies de l'appareil	Cérébro-spinal	Congestion cérébrale	6	1	2	-	17	9	-	-	39	7	10	-	-	-	1	-	2	-	-	1	97	18	115		
		Hémorrhagie cérébrale	1	2	-	-	3	1	-	-	1	-	3	-	-	-	-	-	-	-	-	-	8	3	11		
		hémorrhagie dans la cavité arachnoïdienne	1	-	-	-	-	-	-	-	2	-	-	-	-	-	-	-	-	-	-	-	3	-	3		
		hydropisie de l'arachnoïde ou des ventricules	-	-	-	-	1	-	-	-	3	-	-	-	-	-	-	-	-	-	-	-	4	-	4		
		Méningite aiguë	1	2	1	-	-	3	-	-	2	3	-	-	-	-	-	-	-	-	-	-	4	8	12	165	55
		Ramollissement partiel du cerveau ou du cervelet	-	-	-	-	1	4	-	-	3	2	-	-	-	-	1	-	-	-	-	-	5	6	11		
		Cancer du cerveau ou du cervelet	-	-	-	-	1	-	-	-	-	-	-	-	-	-	-	1	-	-	-	-	1	1	2		
		Marasme cérébral	-	1	-	1	2	3	-	-	41	12	-	-	-	-	-	-	-	-	-	-	43	17	60		
		Myélite	-	-	-	-	-	1	-	1	-	-	-	-	-	-	-	-	-	-	-	-	-	2	2		
	Digestif	Gastrite, entérite, Gastro-entérite	11	7	4	3	28	37	-	-	4	5	-	2	1	-	1	-	2	-	-	-	51	54	105		
		Cancer de l'estomac, du pancréas	-	1	-	-	2	8	-	-	-	-	-	-	-	-	-	-	-	-	-	-	2	9	11		
		Hématémèse, hémorrhagie par rupture de la rate, hémorrhagie dans le mésentère	1	-	-	-	1	-	-	-	-	-	1	-	-	-	-	-	1	-	-	-	4	-	4	66	71
		Péritonite	1	3	-	-	6	2	-	-	-	-	-	-	-	-	-	-	-	-	-	-	7	5	12		
		Hépatite	-	-	-	-	1	-	-	-	-	-	-	-	-	-	-	-	-	-	-	-	1	-	1		
		Fièvre typhoïde	-	-	-	-	1	3	-	-	-	-	-	-	-	-	-	-	-	-	-	-	1	3	4		
	Circulatoire	Maladies du cœur	4	2	-	2	8	12	-	-	2		-	-	-	-	-	-	1	1	-	-	15	17	32	15	17
	Respiratoire	Pneumonie, Pleurésie, Bronchite	-	3	1	3	6	12	1	-	2	1	-	-	-	-	-	-	-	-	-	-	10	19	29	29	44
		Phthisie pulmonaire	6	1	-	-	11	21	-	-	2	1	-	-	-	-	-	-	-	1	-	1	19	25	44		
	Génito-urinaire	Maladie granuleuse du rein, cancer	1	-	-	-	1	-	-	-	-	-	-	-	-	-	-	-	-	-	-	-	2	-	2		
		Hydropisie de l'ovaire	-	-	-	-	-	3	-	-	-	-	-	-	-	-	-	-	-	-	-	-	-	3	3	2	3
Maladies diverses		Scorbut	-	-	-	1	1	2	-	-	-	-	-	-	-	-	-	-	-	-	-	-	1	3	4		
		Suppurations, érysipèles, gangrène	2	1	2	-	3	1	-	-	3	-	-	-	-	-	-	-	-	-	-	-	10	2	12		
		Cancer du sein, coxalgie	-	-	-	-	1	1	-	-	-	-	-	-	-	-	-	-	-	-	-	-	1	1	2	12	7
		hydropisie générale	-	1	-	-	-	-	-	-	-	-	-	-	-	-	-	-	-	-	-	-	-	1	1		
Accidents		Asphyxie par le froid	-	-	-	-	-	3	-	-	-	-	-	-	-	-	-	-	-	-	-	-	-	3	3		
		Asphyxie par engouement d'aliments	-	1	-	-	1	-	-	-	3	-	-	-	-	-	-	-	-	-	-	-	4	1	5		
		Asphyxie dans accès épileptiques	-	-	-	-	-	-	-	-	-	-	5	-	-	-	-	-	-	-	-	-	5	-	5	10	5
		Brûlures	-	-	-	-	-	1	-	-	1	-	-	-	-	-	-	-	-	-	-	-	1	1	2		
Suicides		Marasme par inanition volontaire	1	-	1	1	1	2	-	-	-	-	-	-	-	-	-	-	-	-	-	-	3	3	6		
		Asphyxie par suspension volontaire	-	-	3	1	1	-	-	-	-	-	-	-	-	-	-	-	-	-	-	-	4	1	5	8	4
		Blessure volontaire du cœur	-	-	1	-	-	-	-	-	-	-	-	-	-	-	-	-	-	-	-	-	1	-	1		
Causes inconnues		Mort subite de cause inconnue	2	-	-	1	1	-	-	-	-	-	-	-	-	-	-	-	-	-	-	-	3	1	4	6	1
		Marasme de cause inconnue	1	-	-	-	1	-	-	-	-	-	-	-	-	-	-	-	1	-	-	-	3	-	3		
			39	26	15	13	100	129	1	1	128	31	19	2	1	-	3	1	7	2	-	2	313	207	520	313	207

Mouvement de la population de l'asile des aliénés depuis sa fondation jusqu'au 1er Janvier 1844.

Tableau N° 6.

Millésime	Admissions annuelles hom.	femmes	de tous	Moyennes hommes	femmes	de tous	Sorties annuelles hommes	femmes	de tous	Moyennes hommes	femmes	de tous	Décès annuels hommes	femmes	de tous	Moyennes hommes	femmes	de tous
1825	42	49	91				1	4	5				2	3	5			
1826	107	144	251				27	24	51				8	5	13			
1re Période, 11 années — 1827	80	72	152	83	58	141	32	33	65	37	34	71	19	12	31	21	8	29
1828	86	44	130				42	35	77				23	5	28			
1829	74	61	135				45	36	81				19	13	32			
1830	63	73	136	72	68	140	44	38	82	43	41	84	19	6	25	18	12	30
1831	80	71	151				42	49	91				16	17	33			
1832	66	61	127				41	36	77				24	33	57			
1833	62	62	124	69	62	131	41	37	78	38	38	76	17	25	42	21	24	45
1834	77	64	141				33	42	75				21	14	35			
1835	59	58	117				47	35	82				24	20	44			
1836	68	77	145	71	70	141	37	52	89	44	40	84	23	13	36	25	22	47
1837	87	75	162				47	32	79				28	33	61			
2e Période, 6 années — 1838	98	106	204				45	63	108				36	18	54			
1839	109	77	186	103	97	200	74	49	123	58	57	115	31	18	49	34	24	58
1840	103	108	211				56	58	114				34	37	71			
1841	113	104	217				74	68	142				41	25	66			
1842	119	118	237	121	108	229	74	67	141	73	67	140	44	21	65	45	23	68
1843	131	103	234				71	67	138				52	22	74			
Totaux de la 1re Période	802	718	1520	73	65	138	451	425	876	41	39	80	233	191	424	21	17	38
de la 2e Période	673	616	1289	112	103	215	394	372	766	66	62	128	238	141	379	39	24	63
des 2 Périodes	1475	1334	2809	87	78	165	845	797	1642	50	46	96	471	332	803	28	19	47

Millésime	Extinctions annuelles hommes	femmes	de tous	Moyennes hommes	femmes	de tous	Population à la fin de chaque année hommes	femmes	de tous	Total de la population et des admissions — Par année hommes	femmes	de tous	Moyenne hommes	femmes	de tous	Différences annuelles entre les admissions et les extinctions — en plus hommes	femmes	de tous	en moins hommes	femmes	de tous
1825							39	42	81	42	49	91									
1826							111	157	268	146	186	332									
1827	51	45	96	58	42	100	140	184	324	191	229	420				29	27	56	»	»	»
1828	65	40	105				161	198	359	226	228	454				21	14	35	»	»	»
1829	64	49	113				171	200	371	235	259	494				10	2	12	»	»	»
1830	63	44	107	61	53	114	171	229	400	234	273	507				0	29	29	»	»	»
1831	58	66	124				193	234	427	251	300	551				22	5	27	»	»	»
1832	65	69	134				194	226	420	259	295	554				1	»	1	»	8	8
1833	58	62	120	59	62	121	198	226	424	256	288	544				4	»	4	»	»	»
1834	54	56	110				221	234	455	275	290	565				23	8	31	»	»	»
1835	71	55	126				209	237	446	280	292	572				»	3	3	12	»	12
1836	60	65	125	69	62	131	217	249	466	277	314	591				8	12	20	»	»	»
1837	75	65	140				229	259	488	304	324	628				12	10	22	»	»	»
1838	81	81	162				246	284	530	327	365	692				17	25	42	»	»	»
1839	105	67	172	92	81	173	250	294	544	355	361	716				4	10	14	»	»	»
1840	90	95	185				263	307	570	353	402	755				13	13	26	»	»	»
1841	115	93	208				261	318	579	376	411	787				»	11	11	2	»	2
1842	118	88	206	118	90	208	262	348	610	380	436	816				1	30	31	»	»	»
1843	123	89	212				270	362	632	393	451	844				8	14	22	»	»	»
Totaux de la 1re Période	684	616	1300	62	56	118				2788	3092	5880	253	281	534	130	110	240	12	8	20
de la 2e Période	632	513	1145	105	85	190				2184	2426	4610	364	404	768	43	103	146	2	»	2
des 2 Périodes	1316	1129	2445	77	66	143				4972	5518	10490				173	213	386	14	8	22

Tableau N°

État des journées de travail fournies par les aliénés de l'asile et nature des travaux exécutés.

Années	Journées des hommes employés aux travaux de					Journées des femmes employées aux travaux de			Total des journées de travail.			Proportion des journées de travail aux journées de résidence comptées pour 1000.						Observations
												Proportion annuelle			Moyenne triennale.			
	Jardinage	Menuiserie, serrurerie, etc.	Sciage du bois de chauffage, etc.	Couture d'habillement.	Travaux divers	Couture de linge et vêtements	Blanchissage	Travaux divers.	hommes	femmes.	Deux sexes	hommes,	femmes	2 sexes	hommes	femmes.	2 sexes	
1830 (8 mois)	3,381	543	138	.	1,399	7,839	3,434	1,490	5,461	12,763	18,224	.	.	.				
1831	3,891	1,066	281	148	2,771	15,738	5,712	2,311	8,162	23,761	31,923	128	284	211				
1832	3,925	1,333	515	264	3,113	17,741	4,624	2,910	9,150	25,275	34,425	128	296	220	127	284	211	
1833	3,467	858	537	464	4,087	16,008	4,572	2,129	9,413	22,709	32,122	127	272	204				
1834	3,338	689	412	820	4,637	16,670	4,707	2,307	9,896	23,684	33,580	131	280	210				
1835	3,199	593	597	732	3,827	15,717	5,513	3,729	8,948	24,959	33,907	113	290	205	112	289	206	
1836	2,736	1,076	761	673	2,643	17,944	5,598	3,195	7,889	26,737	34,626	100	297	205				
1837	2,852	733	968	677	2,885	17,122	5,973	3,956	8,115	27,051	35,166	97	295	200				
1838	3,048	838	716	204	2,805	15,261	6,386	4,010	7,611	25,657	33,268	87	258	180	108	270	194	
1839	7,853	497	688	198	3,526	16,656	5,935	4,628	12,762	27,219	39,981	141	259	204				
1840	9,239	1,166	649	467	4,799	16,020	6,452	6,389	16,320	28,861	45,181	171	255	216				En 1840, quelques femmes aliénées sont employées au cardage [illegible] des matelas de l'établissement.
1841	12,983	1,229	418	309	5,807	18,343	4,822	5,089	20,746	30,254	51,000	221	266	245	220	267	245	Un nouveau terrain a été ajouté aux jardins de l'asile en 1841. On a com[illegible] en cette année à faire fabriquer des chapeaux de paille et des paillassons [illegible] hommes.
1842	12,278	1,646	1,231	308	7,971	19,749	7,326	7,206	25,434	34,281	59,715	269	282	276				Les jardins ont encore été agrandis en 1842. La fabrication de chaus[illegible] a donné pour la 1re fois de l'occupation à quelques aliénés.
1843	16,593	2,178	1,754	229	10,331	21,949	9,148	9,241	31,085	40,268	71,353	318	309	312				

Mouvement général de la population du 11 Juillet 1825 au 31 Décembre 1843.

Tableau N.° 8.

	Admissions.			Réintégrations.(+)			Sorties.			Décès.			Population au 31 Décembre de chaque année.		
	hommes.	femmes.	Total.	hommes.	femmes.	Total.	hommes.	femmes.	Total.	hommes.	femmes.	Total.	hommes.	femmes.	Total.
1825	42	49	91	"	"	"	1	4	5	2	3	5	39	42	81
1826	103	142	245	4	2	6	27	24	51	8	5	13	111	157	268
1827	72	67	139	8	5	13	32	33	65	19	12	31	140	184	324
1828	74	50	124	12	4	16	42	35	77	23	5	28	161	198	359
1829	66	45	111	8	6	14	45	36	81	19	13	32	171	200	371
1830	57	66	123	6	7	13	44	38	82	19	6	25	171	229	400
1831	66	64	130	14	7	21	42	49	91	16	17	33	193	234	427
1832	55	48	103	11	13	24	41	36	77	24	33	57	194	226	420
1833	54	53	107	8	9	17	41	37	78	17	25	42	198	226	424
1834	60	59	119	17	5	22	33	42	75	21	14	35	221	234	455
1835	45	47	92	15	11	26	47	35	82	24	20	44	210	237	447
1836	60	63	123	9	14	28	38	52	90	24	13	37	217	249	466
1837	70	54	124	17	21	38	47	32	79	28	33	61	229	259	488
1838	84	84	168	14	22	36	45	63	108	36	18	54	246	284	530
1839	88	61	149	21	16	37	74	49	123	31	18	49	250	294	544
1840	81	85	166	22	23	45	56	58	114	34	37	71	263	307	570
1841	86	87	173	28	17	45	75	68	143	41	25	66	261	318	579
1842	93	93	186	31	26	57	79	68	147	44	21	65	262	348	610
1843	96	77	173	35	26	61	71	67	138	52	22	74	270	362	632
Totaux	1,352	1,294	2,646	280	234	514	880	826	1,706	482	340	822	"	"	"

(+) Ne pas confondre les réintégrations avec les récidives.

Nombre des journées de présence et population moyenne annuelle,

Tableau N° 9.

Nombre des Journées.

Années	Aliénés: hommes	Aliénés: femmes	Aliénés: Total	Employés au Compte de l'Établt: hommes non nourris	hommes nourris	Religieuses non nourries	Religieuses nourries	Total	Employés au compte des familles des aliénés: Infirmiers	Religieuses	Total général des Journées
1825 (172 Jours)	5,311	6942	12253	522	1,587	1,483	.	3592	.	.	15845
1826	28,825	39,179	68,004	1,355	4,605	5475	.	11,435	.	160	79,499
1827	49,445	63,020	112465	1,721	5,432	7,665	-	14,818	205	570	128,058
1828	54,976	70,189	125,165	1,460	6,824	9,855	..	18,139	312	365	143,981
1829	60,766	72,520	133,286	1,580	8,117	4,887	4982	19,566	426	480	153,750
1830	61,168	79,441	140,609	1,825	8,995	.	11,433	22,253	365	730	164,157
1831	63,366	83,514	146,880	1,825	8,643	.	10,016	20,484	365	730	172,459
1832	70,940	85,351	156,291	1,825	9,296	.	9,799	20920	686	761	178,658
1833	73,838	83,458	157,296	1,825	9,268	.	9,603	20,896	822	806	179,620
1834	75,151	84,361	159,512	1,825	8,906	-	11,385	22,116	441	1,469	183,538
1835	78,910	85,956	164866	1,825	8,339	.	9,893	20,057	365	2,412	187,700
1836	78,830	89,741	168,571	1,830	9,176	.	10,248	21,252	450	2,795	193,070
1837	83,148	91,992	175,140	1,825	9,448	.	10,928	22,201	593	1,929	199,863
1838	85,056	99,267	184,323	1,825	9,484	.	10,950	22,259	624	2,178	209,364
1839	90,376	105,111	195,487	2,090	9,963	.	11,567	23,620	941	2,397	222,630
1840	95,445	113,003	208,448	2,196	10,481	.	12,018	24,695	779	2,652	226,574
1841	93,535	113,797	207,332	2,190	11,622	.	12,359	26,171	897	2,687	237,087
1842	94,446	121,274	215,720	2,190	12,018	.	12,761	26,969	1006	2851	246,546
1843	97,618	130,550	228,168	2,190	11,911	.	13,077	27,178	1,050	2,862	259,258

Population moyenne annuelle

Années	Aliénés: hommes	Aliénés: femmes	Aliénés: Total	Employés au compte de l'Établissement: hommes non nourris	hommes nourris	Religieuses non nourries	Religieuses nourries	Total	Employés au compte des familles des aliénés: Infirmiers	Religieuses	Total général de la population moyenne annuelle
1825	30	40	70	3	9	9	.	21	-	-	91
1826	79	107	186	4	13	15	-	32	.	1	219
1827	135	173	308	5	15	21	.	41	1	2	352
1828	150	192	342	5	22	27	-	54	1	1	398
1829	166	199	365	5	22	.	27	54	2	2	427
1830	167	218	385	5	23	.	27	55	1	2	443
1831	184	229	413	5	23	.	27	55	1	2	471
1832	194	234	428	5	23	.	24	52	3	3	485
1833	202	228	430	5	23	.	26	54	3	3	490
1834	206	231	437	5	23	.	26	54	2	6	499
1835	216	235	451	5	23	.	27	55	1	6	513
1836	216	245	461	5	25	.	28	58	1	7	527
1837	227	252	479	5	26	.	30	61	2	5	547
1838	233	272	505	5	26	.	30	61	2	6	574
1839	247	288	535	6	27	.	32	65	3	6	609
1840	261	310	571	6	21	.	33	67	2	7	619
1841	256	312	568	6	31	.	35	72	2	7	650
1842	259	332	591	6	33	.	36	75	3	7	676
1843	267	358	625	6	33	.	36	75	3	7	710

Classement de la population, au 31 Décembre de chaq[ue année]

Années	Aliénés indigents admis: à des places entièrement gratuites	à des places partiellement gratuites	moyennant le concours des Communes	moyennant la retenue des hospices	aux frais des Ministères	aux frais des départements étrangers	Aliénés pensionnaires de: 1re Classe	2e Classe	3e Classe	4e Classe
1825										
1826										
1827										
1828										
1829	72	17	13	136	1	55	8	5	20	44
1830	76	16	16	139	1	71	5	3	24	49
1831	80	18	16	153	.	72	5	6	24	53
1832	88	15	23	142	1	63	5	9	20	54
1833	87	15	25	144	5	54	7	9	26	54
1834	95	18	27	151	10	50	5	15	24	60
1835	101	18	35	151	7	46	6	14	25	54
1836	113	22	38	151	3	47	4	14	29	53
1837	128	16	21	164	5	47	5	12	35	55
1838	152	22	21	168	2	48	5	18	35	59
1839	163	25	23	169	.	38	6	15	42	63
1840	185	25	27	177	.	36	7	17	47	49
1841	194	15	29	173	4	42	8	22	42	53
1842	203	16	33	179	2	46	8	23	39	61
1843	218	23	194	30	2	26	7	21	51	60

Recettes de l'asile pendant les années 1825 à 1843.

Tableau No. 10.

Années	Produit des pensions des aliénés entretenus aux frais de leurs familles (1)					Produit des pensions et Subventions payées par les				Retenue du [illegible] %.	Remboursement de fournitures faites à divers pensionnaires	Subvention du département pour entretien des aliénés indigents	Recettes accidentelles et diverses	Total des recettes en numéraire	Valeur des fruits, légumes récoltés dans les jardins de l'établissement	Total Général des Recettes
	1re Classe	2e Classe	3e Classe	4e Classe	Total.	Communes	Hospices (2)	Ministères de la Guerre, de la Marine	Départements étrangers							
1825 (6 mois)	539.59	406.25	1383.71	4,691.45	7021.	427.15	1,117.50	.	403.29	[illegible]	130.	3,554.45	20.32	42,669.71	. .	.
1826	9134.81	2,178.54	6,626.12	18,017.36	35956.83	1,861.30	23,225.56	202.70	1,737.61	[illegible]	877.55	37,877.13	113.30	131,847.98	. .	.
1827	11,741.15	4,885.49	11,059.80	25,221.16	52,907.60	2,916.66	42,672.53	575.40	7,742.86	[illegible]	890.92	35,030.83	451.47	173,184.32	. .	.
1828	11,048.97	4,633.66	13,971.26	23,258.27	53,162.36	2,931.04	45,459.24	112.90	16,159.12	[illegible]	1,188.91	35,960.95	824.35	185,795.47	3,998.45	189,793.92
1829	8,703.80	5,636.76	14,497.62	25,684.98	54,523.16	4,030.85	46,224.05	99.	21,101.40	[illegible]	695.	35,517.34	526.65	192,713.45	2,869.35	195,582.80
1830	7,355.22	6,678.97	14,781.47	29,061.31	57,876.97	5,008.65	43,758.08	242.50	29,302.49	[illegible]	815.26	22,516.56	782.67	190,299.18	2,169.20	192,468.38
1831	7,946.95	4,704.64	18,350.86	29,019.75	60,022.40	5,124.87	48,446.67	381.	31,968.30	[illegible]	692.59	10,568.32	1,030.76	188,230.91	2,667.	190,897.91
1832	7,950.10	8,477.70	14,207.67	32,031.13	62,666.60	6,947.55	49,036.85	222.50	30,949.80	[illegible]	1,891.37	10,828.28	2,178.43	194,717.38	3,393.20	198,110.58
1833	7,209.87	12,657.51	17,297.58	27,957.20	65,116.16	7,505.60	48,332.82	1,670.45	29,393.60	[illegible]	1,001.14	2,326.32	1,922.48	187,264.57	3,614.65	190,879.22
1834	7,518.23	15,473.17	17,427.56	31,461.48	71,880.44	8,179.10	50,301.65	3,728.75	22,524.61	[illegible]	1,054.75	. .	1,916.80	189,576.50	3,945.80	193,522.30
1835	5,662.42	20,075.91	18,424.46	31,647.53	75,810.34	7,903.55	51,398.45	2,688.05	21,684.30	[illegible]	1,179.80	5,244.41	1,424.16	198,828.86	4,173.25	203,002.11
1836	8,116.35	17,361.60	20,085.71	28,283.90	73,847.56	8,347.09	51,857.10	3,298.45	21,444.25	[illegible]	1,206.85	9,095.01	1,727.21	200,819.52	4,469.56	205,289.15
1837	5,883.30	17,438.32	23,399.60	28,292.94	75,014.16	6,993.56	54,281.10	2,706.75	20,925.50	[illegible]	1,383.07	16,616.68	1,212.66	209,129.48	4,222.55	213,352.03
1838	7,433.80	19,100.78	26,044.46	28,492.61	81,071.65	6,542.29	57,795.91	2,116.65	21,863.40	[illegible]	1,799.04	32,038.50	1,419.25	233,392.69	4,677.10	237,069.79
1839	8,470.84	21,803.52	27,531.03	32,162.47	89,967.86	7,688.52	56,717.74	798.	21,315.27	[illegible]	1,789.13	47,076.61	1,544.38	254,460.41	3,465.66	257,926.07
1840	10,466.06	19,815.98	30,762.08	30,925.03	91,969.15	3,942.93	56,092.05	347.60	17,507.46	[illegible]	1,765.26	63,700.	1,770.07	264,856.52	3,115.	267,971.52
1841	9,533.55	25,894.45	36,755.56	27,063.34	93,246.90	3,147.17	58,323.64	274.35	17,625.19	[illegible] 50	2,021.19	77,000.	2,065.19	281,529.13	4,651.10	286,180.23
1842	10,916.57	28,025.29	27,543.93	29,054.91	95,540.70	3,299.88	60,302.90	1,064.85	20,264.	[illegible] 50	2,192.60	39,442.66	725.88	250,789.97	4,191.83	254,981.80
1843	11,791.30	28,945.68	31,523.20	29,525.77	101,785.95	4,022.52	48,461.57	1,144.50	19,732.51	[illegible]	1,908.94	77,000.	2,143.43	284,241.42	6,251.31	290,592.73

Observations

(1) Le taux des pensions payées par les familles a varié à diverses époques, ainsi qu'il suit :

	1re classe	2e classe	3e classe	4e classe (aliénés de la Seine-Inf.re)	4e classe (aliénés des autres départements)
1825 à 1830	1300 f.	975 f.	650 f.	450 f.	450
1831 à 1836	1500	1000	675	450	450
1837 à 1842	1500	1000	650	400	450

(2) Sur les sommes portées dans cette Colonne, il reste à recouvrer sur les hospices de Dieppe pour entretien [?] par ces établissements, depuis le mois de Janvier 1841 jusqu'à la fin de 1843, 22,688 f 74 dont le rendu [?] laisse quelque incertitude.

Dépenses ordinaires et d'entretien de l'Asile, du 11 Juillet 1825 à fin décembre 1843.

Tableau N° 11.

Années	Culte	Traitements	[illegible]	Bureaux	Nourriture	Pharmacie	Tabac	Lingerie et vêture	[illegible]	Blanchissage	Mobilier	Chauffage	Éclairage	Bâtiments	Jardinier	Menues dépenses diverses pour l'économat	Rétribution aux aliénés travailleurs	Dépenses imprévues	Total de la dépense en numéraire	[illegible] de l'asile	Total général de la dépense
1825	0.00	9,503.69	..	754.80	8,547.71	733.90	404.30	1,169.40	239.50	1427.90	2926.63	4790.58	336.97	6,739.45	2374.31	..	..	2020.37	42,669.71	.	.
1826	0.00	19,514.57	..	1,414.27	45,478.57	2,177.64	1,741.40	17,239.30	933.28	2,600 .	4,070.25	6538.90	1,083.57	18,727.66	2900.39	..	..	1,381.26	131,847.98	.	.
1827	0.00	25,302.73	..	1,311.70	76,305.07	2,631.24	3,130.60	12,762.85	990.50	3,921.99	19,113.99	7,516.50	1,132.25	12,279.55	2,647.85	..	..	137.50	173,184.32	.	.
1828	196.43	26,722.91	..	1,188.43	92,486.35	3,568.48	3,528.18	7,740.47	1,058.38	7,038.03	10,159.33	11,724.45	1,436.92	14,367.90	2,607.35	..	..	0.00	185,795.47	3998.45	189,793.92
1829	262.25	26,662.10	..	1,217.50	102,009.82	4,773.12	4,741 .	8932.17	1078.01	8,839.52	6,774.35	11,809.15	1,967.24	11,535.17	1,912.05	..	..	0.00	192,713.45	2869.35	195,582.80
1830	295.80	25,218.93	..	997.30	97,972.10	3,162.90	5,189 .	18,960.10	1,103.49	7,061.39	6,263.43	11,917 .	1,590.40	8,029.41	1,732.43	..	..	0.00	190,299.18	2,169.26	192,466.33
1831	778.50	25,045.38	..	753.35	97,080.58	2,992.75	4,411.20	17,846.36	1,142 .	4,494.71	13,253.54	10,886.10	1,662.63	6,582.76	1,318.05	..	..	0.00	188,230.91	2667 .	190,897.91
1832	648.35	25,027.23	..	1,163.19	101,838.21	4,768.30	4,424.25	18,929.95	1,164.62	5,331.95	4,065.77	11,320.70	2,068.45	8,147.52	1,508.14	..	..	302.25	194,717.38	3392.20	198,110.58
1833	645.95	25,138.64	..	867.60	90,043.57	4,151.80	4,465 .	20,899.66	1,082 .	4,264.90	6,893.13	12,917.70	1,865.77	9,401.90	1,901.43	..	..	725.53	187,264.57	3614.65	190,879.22
1834	651.74	25,485.82	..	1,170.20	92,053.20	3,733.21	4,684.40	20,420 .	1,094 .	4,368.68	10,168.90	10,902.60	1,809.12	6,797.02	1,798.65	..	..	392.50	185,530.04	3992.26	189,522.30
1835	730.95	25,700.36	..	932.50	96,628.07	4,635.05	4,926.20	20,104.60	952 .	4,844.65	13,285.66	12,829.70	1,848.49	8,522.25	1,786.38	..	..	100 .	198,828.86	4,173.25	203,002.11
1836	749.25	26,725.97	..	1,002 .	98,312.09	4,163.21	4,644.50	21,304.90	800 .	5,109.87	12,654.12	12,654.10	2,152.47	8,427.39	1,999.65	..	..	90 .	200,819.52	4,469.56	205,289.15
1837	750 .	27,351.03	..	999.85	103,953.58	4,885.95	4,792.10	21,708.90	800 .	5,102.10	12,897.93	12,771.80	2,177.56	8,785.73	2,098.95	..	..	24 .	209,129.48	4,222.55	213,352.03
1838	1,035.50	27,852.14	..	1,035.50	118,665.13	6,134.80	4,811.85	21,656.32	1,037.50	5,145.85	14,524.31	14,845.60	2,790.85	9,719.96	2,414.24	..	..	42 .	233,280.69	3,677.10	236,957.79
1839	921.75	29,727.07	..	1,419.30	136,019.32	5,689 .	5,081.33	21,622.95	1,094.56	5,248.63	17,800.33	14,802.80	1,885.50	10,216.49	2,931.44	..	..	..	254,460.41	3,465.66	257,926.07
1840	942 .	30,181.16	..	1,379.76	142,860.30	5,383 .	5,045 .	21,458.75	1,151.56	5237.30	11,771.58	15,365 .	1,993 .	11,902.70	1,638.70	1200 .	4300 .	337.29	362,087.88	3115 .	365,202.88
1841	1,193 .	30,132.90	..	1,400 .	136,149 .	3,016.75	5,401 .	21,245.07	1,138 .	5067.62	14,000 .	8,910 .	1,926 .	11,300 .	1,999.17	812 .	5,000 .	801.90	252,198.41	4651.10	256,849.51
1842	629.95	31,675.21	2,418.90	1,881.76	141,926.61	5,818.61	5668.30	22,414.88	1,177 .	5198.52	13,985.91	14,664.08	2,732.56	14,996.73	2,499.16	1,003.79	5,900 .	525.11	275,476.98	4,191.83	279,668.81
1843	795.92	32,227.02	3,216.31	1,398.09	157,042.15	5985.96	5799.15	21,993.83	1,199.50	5,363.71	14,773.67	12,798.11	2,433.62	12,066 .	2,489.47	575 .	7,136.30	923.40	282,197.23	6251.31	288,448.54

Classement par espèces et par catégories des causes de l'aliénation mentale.

Aliénés admis pendant les années 1835, 1836, 1837, 1838, 1839, 1840, 1841, 1842, 1843.

		Folie simple						Folie compliquée						Imbécillité				Idiotie				Totaux par espèces de Causes			Totaux par catégories de Causes		
		Aiguë – Maniaque		Aiguë – Mélancolie		Chronique		Convulsive		Paralytique		Épileptique		Sénile		Paralytique		Simple		Épileptique							
		Hom.	Femmes	Hom.	Femmes	Hommes	Femmes	Hommes	Femmes	Hommes	Femmes	Hommes	Femmes	Hommes	Femmes	Hommes	Femmes	Hommes	Femmes	Hommes	Femmes	Hommes	Femmes	D. sexes	Hommes	Femmes	D. sexes
	…mbre des admissions	351	353	173	239	137	137	17	3	117	35	53	15	4	4	3	2	27	15	3	3	887	826	1713			
	…mbre des malades pour lesquels il y a eu défaut de renseignements	92	79	36	31	32	33	-	-	35	5	-	-	-	-	-	-	-	-	-	-	195	148	343			
	…mbre des malades sur lesquels portent les observations	259	274	139	208	105	124	17	3	82	30	53	15	4	4	3	2	27	15	3	3	692	678	1370			
	…uses inconnues	68	84	29	30	50	55	-	-	22	8	-	-	-	-	-	-	-	-	-	-	169	177	346	169	177	346
	Causes déterminantes																										
Religion.	Dévotion exaltée	7	11	5	15	1	4	-	-	-	-	-	-	-	-	-	-	-	-	-	-	13	30	43	15	31	46
	Scrupules de conscience, remords	-	-	1	1	1	-	-	-	-	-	-	-	-	-	-	-	-	-	-	-	2	1	3			
Amour.	Amour contrarié	8	18	5	10	3	6	-	-	-	3	-	-	-	-	-	-	-	-	-	-	16	37	53	23	55	78
	Jalousie	1	8	3	7	2	3	-	-	1	-	-	-	-	-	-	-	-	-	-	-	7	18	25			
Famille, Affections.	Joie à propos d'affections	1	1	-	1	-	-	-	-	-	-	-	-	-	-	-	-	-	-	-	-	1	2	3	63	139	202
	Chagrins domestiques	11	34	10	34	4	10	-	-	4	4	-	-	-	-	-	-	-	-	-	-	29	82	111			
	Perte d'une personne aimée, départ d'un parent pour l'armée	12	24	13	22	5	8	-	-	3	1	-	-	-	-	-	-	-	-	-	-	33	55	88			
Fortune.	Revers de fortune, inquiétudes, pertes, procès à propos d'argent	29	20	23	19	7	11	-	-	16	2	-	-	-	-	-	-	-	-	-	-	75	52	127	91	68	159
	Chagrin conçu à propos d'un état de misère	4	3	2	5	2	-	-	-	-	1	-	-	-	-	-	-	-	-	-	-	8	9	17			
	Envie	-	1	2	2	-	-	-	-	-	-	-	-	-	-	-	-	-	-	-	-	2	3	5			
	Vocation contrariée, changement de position sociale	1	1	3	3	2	-	-	-	-	-	-	-	-	-	-	-	-	-	-	-	6	4	10			
Réputation.	Atteintes à la réputation, diffamation	-	1	1	6	1	2	-	-	-	-	-	-	-	-	-	-	-	-	-	-	2	9	11	15	13	28
	Amour propre blessé	2	2	1	2	2	-	-	-	-	-	-	-	-	-	-	-	-	-	-	-	5	4	9			
	Poursuites et condamnations judiciaires	3	-	3	-	1	-	-	-	1	-	-	-	-	-	-	-	-	-	-	-	8		8			
Conservation.	Frayeur. Impression d'un spectacle pénible	8	15	10	9	3	2	-	-	-	1	-	-	-	-	-	-	-	-	-	-	21	27	48	36	45	81
	Colère	10	6	-	2	-	-	-	-	2	1	-	-	-	-	-	-	-	-	-	-	12	9	21			
	Inquiétudes pour la santé, chagrin à propos d'infirmités	-	1	1	4	1	-	-	-	1	-	-	-	-	-	-	-	-	-	-	-	3	5	8			
	Pudeur blessée	-	2	-	1	-	1	-	-	-	-	-	-	-	-	-	-	-	-	-	-	-	4	4			
Patrie.	Exaltation politique	1	-	1	-	-	1	-	-	-	-	-	-	-	-	-	-	-	-	-	-	2	-	2	5	2	7
	Nostalgie	1	-	2	1	-	1	-	-	-	-	-	-	-	-	-	-	-	-	-	-	3	2	5			
		99	148	86	144	35	48	-	-	28	13	-	-	-	-	-	-	-	-	-	-	248	353	601			
Excès intellectuels	Excès d'études, de travail intellectuel, de veilles	3	1	4	-	-	-	-	-	-	-	-	-	-	-	-	-	-	-	-	-	7	1	8	7	1	8
Excès sensuels	Libertinage, excès vénériens, inconduite	6	2	1	1	3	-	-	-	7	1	-	-	-	-	-	-	-	-	-	-	17	4	21	153	51	204
	Onanisme	6	2	6	-	2	2	-	-	1	-	-	-	-	-	-	-	-	-	-	-	15	4	19			
	Abus des boissons alcooliques	60	20	11	8	10	7	17	3	23	5	-	-	-	-	-	-	-	-	-	-	121	43	164			
		75	25	22	9	15	9	17	3	31	6	-	-	-	-	-	-	-	-	-	-	160	52	212			
Cérébrales	Affections cérébrales fébriles	4	-	-	-	2	1	-	-	-	-	-	-	-	-	-	-	-	-	-	-	6	1	7	7	2	9
	Affections cérébrales non fébriles	1	-	-	-	-	-	-	-	-	1	-	-	-	-	-	-	-	-	-	-	1	1	2			
…on Cérébrales.	Affections non cérébrales aiguës ou chroniques	2	3	1	3	1	3	-	-	-	-	-	-	-	-	-	-	-	-	-	-	4	9	13	9	9	18
	Suppression d'hémorragies, d'écoulemens, de maladies diverses	3	-	1	-	1	-	-	-	-	-	-	-	-	-	-	-	-	-	-	-	5	-	5			
…ropres à la femme	Suites de couches	-	11	-	15	-	7	-	-	-	-	-	-	-	-	-	-	-	-	-	-	-	33	33	-	45	45
	Grossesse	-	1	-	1	-	-	-	-	-	-	-	-	-	-	-	-	-	-	-	-	-	2	2			
	Aménorrhée, âge critique	-	2	-	6	-	1	-	-	-	1	-	-	-	-	-	-	-	-	-	-	-	10	10			
		10	17	2	25	4	12	-	-	-	2	-	-	-	-	-	-	-	-	-	-	16	56	72			
…es externes.	Insolation	3	-	-	-	-	-	-	-	-	-	-	-	-	-	-	-	-	-	-	-	3	-	3	9	1	10
	Action du mercure	2	-	-	-	1	-	-	-	-	-	-	-	-	-	-	-	-	-	-	-	3	-	3			
	Chutes, coups	2	-	-	-	-	-	-	-	1	1	-	-	-	-	-	-	-	-	-	-	3	1	4			
		7	-	-	-	1	-	-	-	1	1	-	-	-	-	-	-	-	-	-	-	9	1	10			
	Causes essentielles																										
…es essentielles.	Grand âge	-	-	-	-	-	-	-	-	-	-	-	-	4	4	-	-	-	-	-	-	4	4	8	90	39	129
	Idiotie	-	-	-	-	-	-	-	-	-	-	-	-	-	-	-	-	27	15	3	3	30	18	48			
	Épilepsie	-	-	-	-	-	-	-	-	-	-	53	15	-	-	-	-	-	-	-	-	53	15	68			
	Maladies cérébrales	-	-	-	-	-	-	-	-	-	-	-	-	-	-	3	2	-	-	-	-	3	2	5			
		-	-	-	-	-	-	-	-	-	-	53	15	4	4	3	2	27	15	3	3	90	39	129	692	678	1370
	Prédispositions.																										
…spositions.	Prédisposition héréditaire en ligne directe et collatérale	42	48	28	35	14	14	-	-	7	3	5	-	-	1	-	-	3	5	-	-	99	106	205			

www.ingramcontent.com/pod-product-compliance
Lightning Source LLC
Chambersburg PA
CBHW071901200326
41519CB00016B/4481

9782014513257